大数据与人工智能实验教程

主　编　姜亦学　李子梅
副主编　赵立英

北京大学出版社
PEKING UNIVERSITY PRESS

内 容 简 介

本书是《大数据与人工智能》的配套实验教材，共分为四个部分：第一部分大数据篇，重点介绍大数据实验需要用到的相关软件等；第二部分人工智能篇，主要从神经网络入手设计了五个常规实验；第三部分 Python 篇，主要介绍 Python 语言的基本语法、Python 常用库、数据采集和数据可视化；第四部分自测题。本书力求让读者通过实际操作，深刻理解大数据与人工智能的相关知识及应用。

本书可作为高等院校大数据与人工智能相关专业的教材，也可供从事大数据和人工智能等领域的科研工作者和广大工程技术人员参考，还可供对该领域感兴趣的读者自学使用。

图书在版编目(CIP)数据

大数据与人工智能实验教程/姜亦学，李子梅主编. —北京：北京大学出版社，2022.3
ISBN 978-7-301-32891-0

Ⅰ. ①大… Ⅱ. ①姜… ②李… Ⅲ. ①数据处理—教材 ②人工智能—教材 Ⅳ. ①TP274 ②TP18

中国版本图书馆 CIP 数据核字（2022）第 031589 号

书　　　　名	大数据与人工智能实验教程
	DASHUJU YU RENGONG ZHINENG SHIYAN JIAOCHENG
著作责任者	姜亦学　李子梅　主编
策 划 编 辑	郑　双
责 任 编 辑	巨程晖　郑　双
标 准 书 号	ISBN 978-7-301-32891-0
出 版 发 行	北京大学出版社
地　　　　址	北京市海淀区成府路 205 号　　100871
网　　　　址	http://www.pup.cn　新浪微博：@北京大学出版社
电 子 信 箱	pup_6@163.com
电　　　　话	邮购部 010-62752015　发行部 010-62750672　编辑部 010-62750667
印 刷 者	北京鑫海金澳胶印有限公司
经 销 者	新华书店
	787 毫米×1092 毫米　16 开本　11.25 印张　260 千字
	2022 年 3 月第 1 版　　2022 年 3 月第 1 次印刷
定　　　　价	30.00 元

　　本书是《大数据与人工智能》的配套实验教材。书中详细地介绍了每个实验的实验目的、实验任务、实验指导、实验代码及实验结果，帮助学生更深刻地理解大数据的原理，体会人工智能的实际意义；书中还配有自测题，帮助学生巩固所学知识。本书通过合理组织教学内容，辅以多种形式的操作习题和实验，使学生掌握分析问题和解决问题的能力，培养学生的自学能力和实践能力。

　　本书共分四个部分，第一部分大数据篇、第二部分人工智能篇、第三部分 Python 篇，共设计了十二个实验。大数据篇包括了三个实验，首先是虚拟机的安装及配置，介绍了 VirtualBox 的使用方法，其次是 Linux 的安装与基本操作，最后是 Hadoop 的安装与配置、JDK 的安装与配置，并设计了一个简单的大数据词频统计实验。人工智能篇包括了五个实验，主要目的是学习神经网络的基本结构、表达方式并掌握卷积神经网络中的卷积和池化操作，学习训练神经网络的基本方法并且编程实现神经网络。Python 篇包括了四个实验，Python 基础实验指导学生如何安装 Python 环境及编写 Python 程序，在 Python 常用库实验中需要学会安装 NumPy 库和 Matplotlib 库，掌握 NumPy 库的方法及 Matplotlib 绘图的原理，针对这些内容设计了简单的实验，并给出了详细的实验步骤，以及实验中遇到的问题及解决方法，还介绍了数据采集和数据可视化。第四部分自测题，给出了五套自测题供学生练习使用。

　　由于编写时间和水平有限，书中难免存在疏漏，敬请各位读者多提宝贵意见，以待日后修订。希望本书能够帮助广大的大数据与人工智能初学者跨过初期学习的难关，享受学习大数据与人工智能技术带来的乐趣。

姜亦学

2022 月 1 月

/目　录/

第一部分 大数据篇

实验 1.1　虚拟机的安装及配置

一、实验目的

- 了解虚拟机的概念。
- 掌握虚拟机的安装和使用方法。
- 掌握虚拟机的硬件配置方法。

二、实验内容

【实验任务】

- 下载和安装虚拟机软件 VirtualBox。
- 在 VirtualBox 中创建虚拟机。
- 对虚拟机的参数进行设置和调整。

【实验指导】

虚拟机是利用软件来模拟出完整计算机系统的工具,具有完整的硬件系统功能,且运行在一个完全隔离的环境中。虚拟机的使用范围很广,如运行未知软件、可疑工具等,即使这些软件程序中带有病毒,也只能让病毒破坏虚拟机而不能破坏计算机主机,因为虚拟机是一个完全独立于主机的计算机系统。另外,当需要运行的软件与主机操作系统不兼容时,虚拟机就可以解决这些麻烦。当用户想体验 Windows 和 Linux 双系统时,选择虚拟机更是非常方便就能实现。常用的虚拟机软件有 VirtualBox 和 VMware。本实验以 VirtualBox 为例,说明虚拟机的安装配置过程。

本书使用的 VirtualBox 版本为 6.1.26,下面介绍 VirtualBox 的下载与安装。

1. VirtualBox的下载

（1）打开 VirtualBox 的官方网站，单击 Download VirtualBox 6.1 图标，如图 1.1 所示。

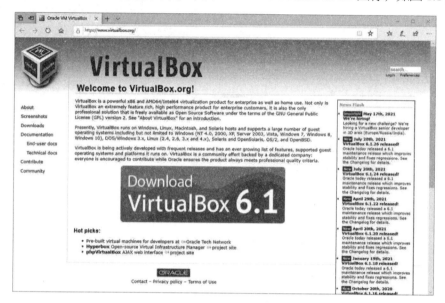

图 1.1　VirtualBox 官网页面

（2）单击"Windows hosts"链接，下载 VirtualBox 的 Windows 版本，如图 1.2 所示。

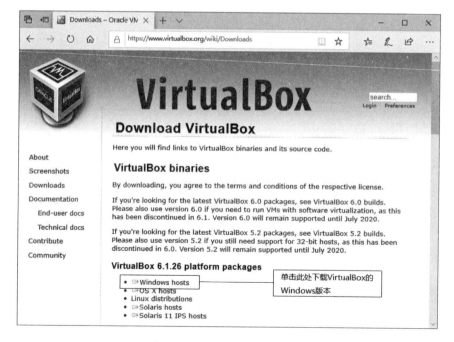

图 1.2　VirtualBox 的下载页面

（3）在选择的下载路径中，可以看到已下载的安装文件 VirtualBox-6.1.26-145957-Win.exe，如图 1.3 所示。

图 1.3　VirtualBox 安装文件

2．VirtualBox的安装

VirtualBox 的安装步骤如下。

（1）双击下载好的安装文件图标，弹出 VirtualBox 的安装向导界面，单击"下一步"按钮开始安装，如图 1.4 所示。

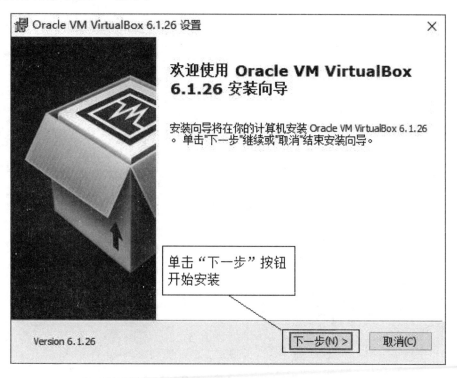

图 1.4　VirtualBox 安装向导界面

（2）进入"自定安装"界面后，可以选择需要安装的功能和安装路径，如图 1.5 所示。

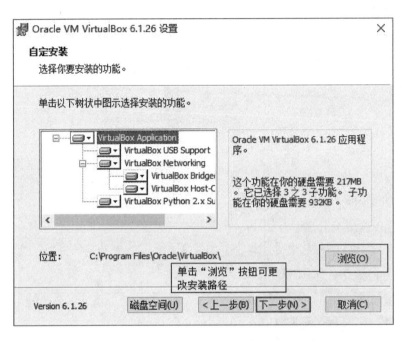

图 1.5　自定义功能和安装路径

（3）设置完成后，单击"下一步"按钮继续自定安装，如图 1.6 所示。

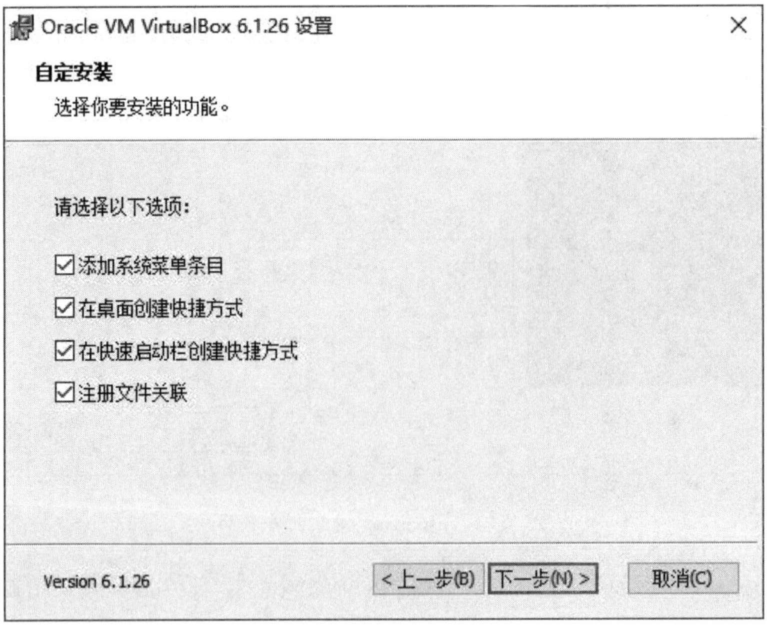

图 1.6　自定安装界面

（4）设置完成，单击"下一步"按钮会出现警告界面，告知安装过程会中断当前网络连接并重置，单击"是"按钮继续安装即可，如图 1.7 所示。

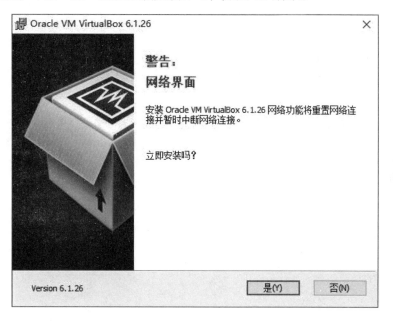

图 1.7　警告界面

（5）安装完成界面如图 1.8 所示。

图 1.8　安装完成界面

（6）安装完成之后，单击"完成"按钮会直接启动 VirtualBox，界面如图 1.9 所示。

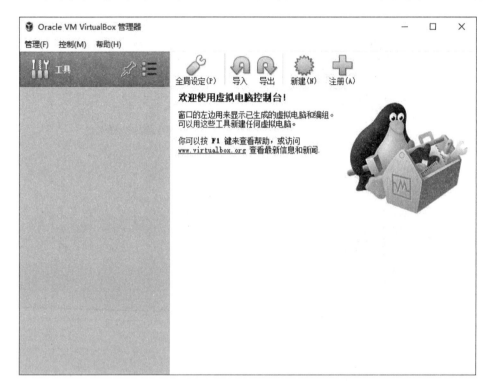

图 1.9　VirtualBox 启动界面

后面要打开 VirtualBox 时，可以双击桌面上的"Oracle VM VirtualBox"快捷方式图标，或者从开始菜单中选择该应用程序打开。

3. 虚拟机安装路径设置

创建虚拟机时，VirtualBox 会创建一个存储虚拟机的空间，用来存储虚拟机的所有数据，默认路径为 C 盘的 VirtualBox 文件夹。由于虚拟机通常会占用很大的存储空间，建议将虚拟机文件存储在空闲空间比较大的硬盘分区（如 D 盘）中，同时也有利于数据的安全备份。

设置虚拟机存储文件夹的步骤如下。

（1）打开 VirtualBox 管理器界面，在"管理"菜单中，选择"全局设定"命令，如图 1.10 所示。

（2）在"全局设定"对话框中，选择"常规"选项卡，在"默认虚拟电脑位置"下拉列表中选择"其他"，修改虚拟机存储路径，如图 1.11 所示。

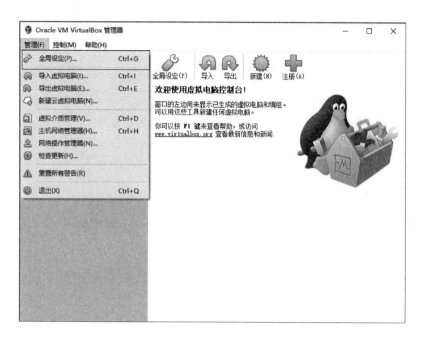

图 1.10　VirtualBox 菜单项

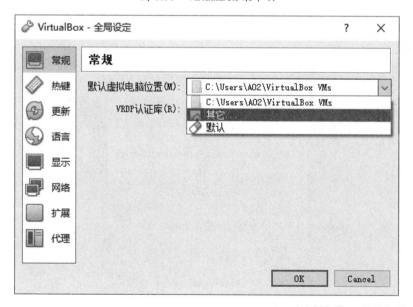

图 1.11　"常规"选项卡

4. 虚拟机其他选项设置

其他选项的设置根据自己的需求，选择不同的选项卡进行设置，一般情况下保持默认设置即可，如图 1.12 所示。

图 1.12 全局设定中各选项卡

5. 在VirtualBox中创建虚拟机

下面为即将安装的操作系统创建一个虚拟机，操作步骤如下。

（1）打开 VirtualBox 管理器界面，单击"新建"按钮，弹出"新建虚拟电脑"对话框，在其中填写相应的虚拟机信息，如图 1.13 所示。

图 1.13 "新建虚拟电脑"对话框

（2）单击"下一步"按钮，设置虚拟机内存大小。注意同时运行虚拟机的台数和物理机内存的大小，根据安装的操作系统和需求，合理设置虚拟机的内存，如图 1.14 所示。

图 1.14 设置虚拟机的内存

（3）单击"下一步"按钮，在"虚拟硬盘"界面中，选择"现在创建虚拟硬盘"单选按钮，如图 1.15 所示。

图 1.15 创建虚拟硬盘

（4）单击"创建"按钮，在"虚拟硬盘文件类型"界面中，选择"VDI（VirtualBox 磁盘映像）"单选按钮，如图 1.16 所示。

图 1.16　设置虚拟硬盘文件类型

（5）单击"下一步"按钮，在所创建虚拟硬盘分配方式上选择默认的"动态分配"单选按钮，如图 1.17 所示。

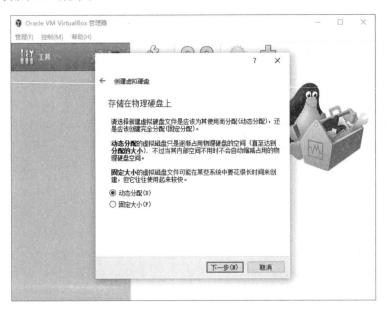

图 1.17　设置虚拟硬盘分配方式

动态分配的好处在于创建虚拟机时不会占用太多的物理硬盘空间，随着虚拟硬盘的不断使用，才会占用更多的物理硬盘空间。

（6）单击"下一步"按钮，在"文件位置和大小"界面中，会出现虚拟硬盘存储路径，默认为刚才设置的虚拟机文件夹，文件大小根据虚拟机需求进行设置。如果有更多的文件需要存放到虚拟机上，可调整文件的大小，使得虚拟机能够获得更多的使用空间；如果没有特殊需求，一般保持默认设置即可，如图 1.18 所示。

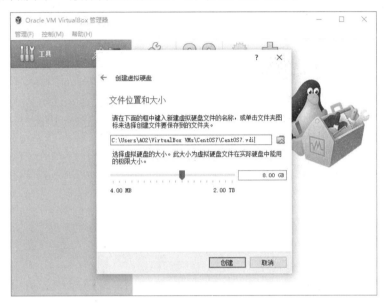

图 1.18　设置虚拟机文件位置和大小

（7）单击"创建"按钮，虚拟机创建成功，如图 1.19 所示。

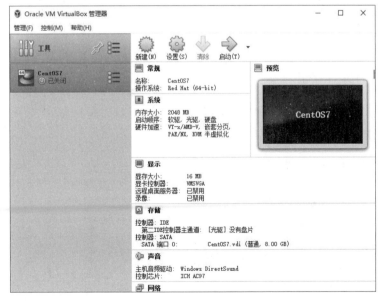

图 1.19　虚拟机创建成功

6. 新创建的虚拟机设置

（1）在 VirtualBox 管理器界面中，选中左侧安装好的虚拟机，单击右侧的"设置"按钮，进入当前选中虚拟机设置界面，如图 1.20 所示。

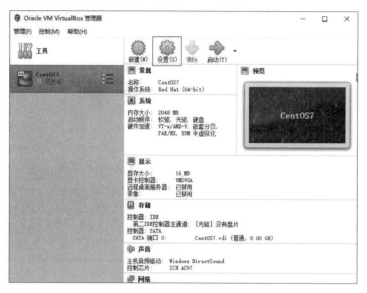

图 1.20 虚拟机设置界面

（2）在虚拟机设置界面中，可以进行当前虚拟机的硬件配置调整与参数设置。注意在之前设置虚拟机的过程中，如果有设置不当的选项，单击"发现无效设置"图标会给出提示，可以按照提示进行修改，如图 1.21 所示。

图 1.21 发现无效设置

在此设置界面中，可以修改系统配置、存储配置以及网络配置等来适应虚拟机对硬件及环境的要求。例如，我们在实验 1.2 的网络配置中，连接方式选择"桥接网卡"。

实验 1.2　Linux 的安装与基本操作

一、实验目的

- 了解 Linux 操作系统的安装方法。
- 掌握 Linux 的基本操作及命令。

二、实验内容

【实验任务】

- 在虚拟机中完成 Linux 操作系统的安装。
- 完成 Linux 操作系统常用的基本配置。

【实验指导】

1991 年，一个芬兰的研究生 Linus Torvalds 根据 MINIX 操作系统，写出了属于自己的磁盘驱动程序和文件系统，随后他在互联网上慷慨地发布了源代码，并将其命名为 Linux，意思是 Linus 的 MINIX。

Linux 是一套免费使用和自由传播的类 UNIX 操作系统，是一个基于 POSIX 的多用户、多任务，支持多线程和多 CPU 的操作系统。Linux 继承了 UNIX 以网络为核心的设计思想，是一个性能稳定的多用户网络操作系统。Linux 有上百种不同的发行版本，如基于社区开发的 Debian、Arch Linux，基于商业开发的 Red Hat Enterprise Linux、SUSE Linux、Oracle Linux 等。本实验介绍如何在 VirtualBox 虚拟机上安装 CentOS Linux 系统。

1. CentOS Linux系统的下载

（1）打开 CentOS 官方网站，单击"CentOS Linux"链接，进入下载版本选择页面。目前来看，大部分服务器依然在使用 CentOS 7，所以本实验也采用 CentOS 7 的版本，如图 1.22 所示。

（2）单击 ISO 列表中的"x86_64"链接，进入镜像地址选择页面，如图 1.23 所示。

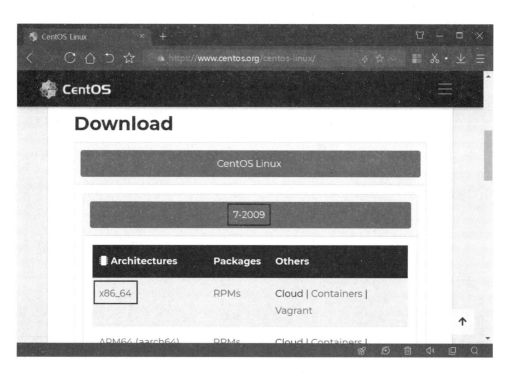

图 1.22　版本选择页面

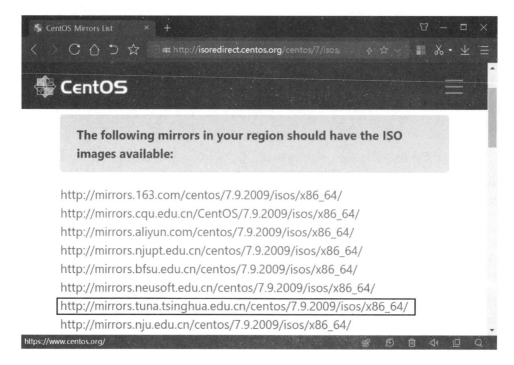

图 1.23　镜像地址选择页面

（3）单击适合的镜像地址链接进行下载，如清华大学开源软件镜像站，单击后进入下载页面，如图 1.24 所示。

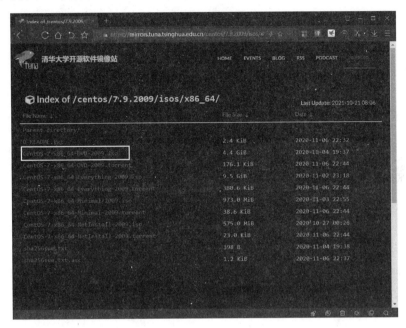

图 1.24　清华大学开源软件镜像站

（4）选择"CentOS-7-x86_64-DVD-2009.iso"，推荐使用迅雷等下载工具加快下载速度，如图 1.25 所示。

图 1.25　使用迅雷下载界面

（5）上一步下载的安装包是 ISO 镜像文件，如图 1.26 所示。

图 1.26　CentOS 7 的 ISO 镜像文件

提示： 由于是在虚拟机中安装 CentOS 7，因此需要先配置虚拟机，虚拟机配置方法见实验 1.1。

2．CentOS 7 的安装

CentOS 7 的安装包为 ISO 镜像文件，在虚拟机中安装 CentOS 7 时，需要设置虚拟光盘文件。安装 CentOS 7 的步骤如下。

（1）按照实验 1.1 的步骤新建名称为 Master 的虚拟机（为后面 Hadoop 伪分布式环境搭建名称为 Master 的虚拟机），硬件设置参考安装系统配置要求，网络选择桥接模式，如图 1.27 所示。

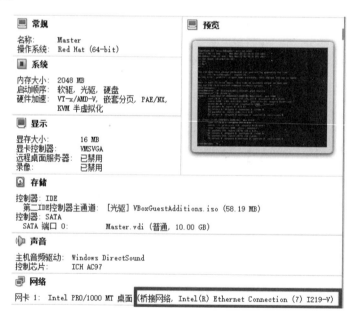

图 1.27　新建虚拟机

（2）设置虚拟光盘文件。选中所创建的虚拟机，单击"设置"按钮，在弹出的"Master-设置"对话框中，选择左侧的"存储"选项卡，单击"控制器：IDE"下面的"没有盘片"选项，单击"分配光驱"下拉列表框右侧的光盘图标，如图 1.28 所示。

图 1.28　设置虚拟光盘文件

（3）在下拉菜单中选择"选择虚拟盘"选项，弹出"请选择一个虚拟光盘文件"对话框，选中已经下载好的 CentOS 7 的 ISO 镜像文件，单击"打开"按钮，如图 1.29 所示。

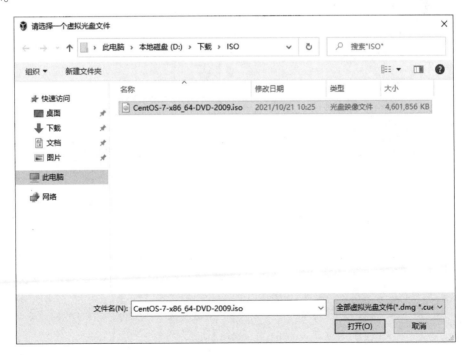

图 1.29　选择 ISO 镜像文件

（4）设置完成后，存储介质"控制器：IDE"下面会显示刚才选中的文件，单击"OK"按钮，如图 1.30 所示。

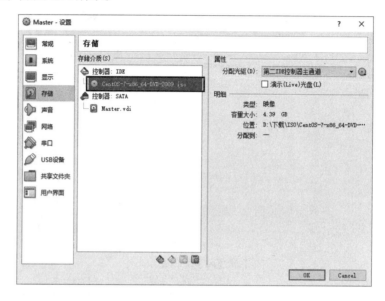

图 1.30　设置虚拟光盘文件

（5）在设置好虚拟光盘文件后，就可以单击"启动"按钮启动虚拟机，如图 1.31 所示。

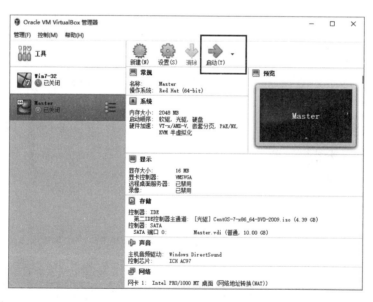

图 1.31　启动虚拟机

（6）虚拟机启动后，弹出 CentOS 7 的镜像启动选择界面，单击"确定"按钮后进入安装 CentOS 7 界面，默认等待一分钟自动引导安装，或者通过键盘上下键选择"Install CentOS 7"选项，按 Enter 键进入安装过程，如图 1.32 所示。

图 1.32　安装 CentOS 7 界面

（7）进入语言选择界面，在左侧列表中选择"中文"选项，右侧保持默认"简体中文（中国）"即可，单击"继续"按钮进入下一步，如图 1.33 所示。

图 1.33　语言选择界面

提示：此界面中鼠标会被虚拟机独占，如果需要切换鼠标到宿主机，按下键盘右侧的 Ctrl 键即可。

（8）在"安装信息摘要"界面中按照对话框底部的提示，完成带有叹号图标的要求再开始安装，选择"安装位置"，如图 1.34 所示。

图 1.34　选择"安装位置"

（9）在"安装目标位置"界面中，如果不需要对磁盘分区做修改，直接单击"完成"按钮即可，如图 1.35 所示。

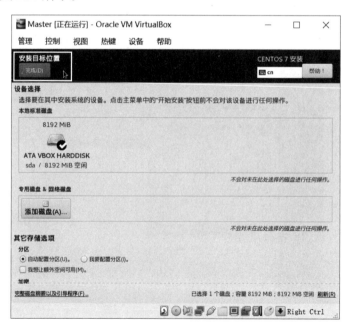

图 1.35　安装目标位置界面

（10）在"安装信息摘要"界面中单击"开始安装"按钮，进行安装，如图 1.36 所示。

图 1.36　开始安装

（11）在安装过程中，会出现"用户设置"界面，可以根据需要设置 ROOT 密码和创建用户，如图 1.37 所示。

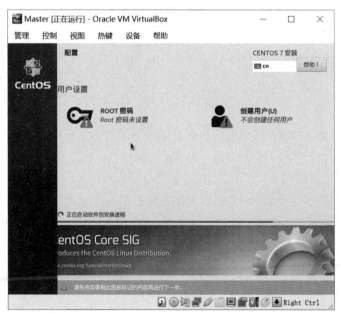

图 1.37　用户设置界面

（12）安装完成后，重新启动系统。

实验 1.3　Hadoop 的安装与配置

一、实验目的

- 了解 Hadoop 的组件与运行机制。
- 学会 Hadoop 集群安装配置。
- 掌握 Hadoop 伪分布式简单应用。

二、实验内容

【实验任务】

- Linux 基础环境搭建。
- Hadoop 伪分布式安装。
- 运行简单的词频统计 Word Count 程序。

【实验指导】

基础环境搭建：本次集群搭建共有三个节点，包括一个主节点 master 和两个子节点 slave1 和 slave2，所以我们要创建三个虚拟机。

注意：默认所有需要的软件安装包预先放至/opt/soft 路径下。

1．CentOS 7的简单配置

（1）切换用户。

以主节点 master 为例，启动虚拟机后，如果是以普通用户登录系统的，可以使用 su 命令切换为 root 用户。

（2）修改网卡自启动。

① 通过 cd 命令，切换到网卡配置文件所在目录，代码如下。

```
cd /etc/sysconfig/network-scripts
```

② 用 vi 命令打开配置文件，代码如下。

```
vi ifcfg-enp0s3
```

③ 在打开的文件中，按 I 键进入编辑模式，找到 "ONBOOT" 选项，修改如下。

```
ONBOOT=yes
```

④ 编辑完成之后，按 Esc 键退出编辑状态，继续输入 ":wq" 保存文件并退出。

⑤ 重启网络，代码如下。

```
service network restart
```

（3）为了使用 ifconfig 等命令，需要下载安装 net-tools，代码如下。

```
yum -y install net-tools
```

（4）为了更方便地编写文档，可以下载安装 vim，代码如下。

```
yum -y install vim
```

（5）查看 IP 配置以及网卡物理地址等信息，代码如下。

```
ifconfig
```

2. 修改主机名

（1）以主机 master 为例，修改主机名为 master，代码如下。

```
hostnamectl set-hostname master
```

（2）如需永久修改主机名，编辑/etc/sysconfig/network 文件，方法如下。
① 使用 vi 编辑器打开文件，代码如下。

```
vi /etc/sysconfig/network
```

② 增加如下两条语句，操作界面如图 1.38 所示。

```
NETWORKING=yes
HOSTNAME=master
```

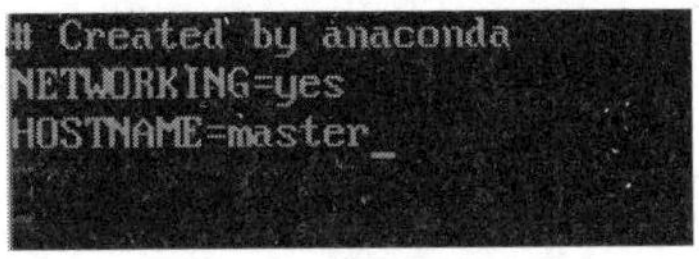

图 1.38　修改主机名

③ 保存该文件，使用 reboot 命令重启系统。
（3）重启后，使用 hostname 命令查看修改是否生效，另外重启后可以直接看到修改后的主机名，如图 1.39 所示。

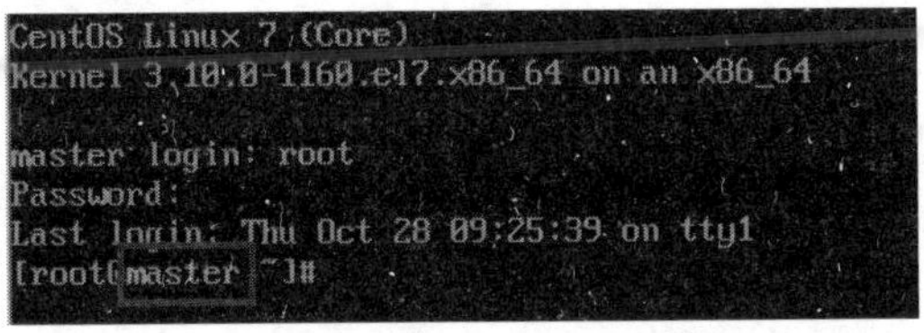

图 1.39　主机名修改完毕

3. 配置hosts文件

配置 hosts 文件是为了使各个节点能将对应的节点主机名连接对应的地址。hosts 文件主要用于确定每个节点的 IP 地址，方便后续各节点能快速查到并访问。在上述三个虚拟机节点上均需要配置此文件。由于需要确定每个节点的 IP 地址，因此在配置 hosts 文件之前需要先查看当前虚拟机节点的 IP 地址。

（1）使用 ifconfig 命令查看每一台虚拟机的 IP 地址，如图 1.40 所示。

```
[root@master ~]# ifconfig
enp0s3: flags=4163<UP,BROADCAST,RUNNING,MULTICAST>  mtu 1500
        inet 10.0.2.15  netmask 255.255.255.0  broadcast 10.0.2.255
        inet6 fe80::c303:4e54:8381:8b97  prefixlen 64  scopeid 0x20<link>
        ether 08:00:27:c4:14:a0  txqueuelen 1000  (Ethernet)
        RX packets 168  bytes 17327 (16.9 KiB)
        RX errors 0  dropped 0  overruns 0  frame 0
        TX packets 191  bytes 16034 (15.6 KiB)
        TX errors 0  dropped 0 overruns 0  carrier 0  collisions 0

lo: flags=73<UP,LOOPBACK,RUNNING>  mtu 65536
        inet 127.0.0.1  netmask 255.0.0.0
        inet6 ::1  prefixlen 128  scopeid 0x10<host>
        loop  txqueuelen 1000  (Local Loopback)
        RX packets 32  bytes 2592 (2.5 KiB)
        RX errors 0  dropped 0  overruns 0  frame 0
        TX packets 32  bytes 2592 (2.5 KiB)
        TX errors 0  dropped 0 overruns 0  carrier 0  collisions 0
```

图 1.40　查看虚拟机的 IP 地址

（2）查看各节点的 IP 地址之后，将三个节点的 IP 地址及其对应的名称写进 hosts 文件。在此设置为 master、slave1、slave2，方法如下。

使用 vi 编辑器打开 hosts 文件，代码如下。

```
vi /etc/hosts
```

加入三个节点的 IP 地址和主机名，如图 1.41 所示。

```
127.0.0.1   localhost localhost.localdomain localhost4 localhost4.localdomain4
::1         localhost localhost.localdomain localhost6 localhost6.localdomain6
10.0.2.15 master
10.0.2.16 slave1
10.0.2.17 slave2
```

图 1.41　修改 hosts 文件

4. 关闭防火墙

CentOS 7 中防火墙命令用 firewalld 取代了 iptables，当其状态是 dead 时，即防火墙关闭，如图 1.42 所示。

（1）关闭防火墙，代码如下。

```
systemctl stop firewalld
```

（2）查看状态，代码如下。

```
systemctl status firewalld
```

（3）永久关闭防火墙，代码如下。

```
systemctl disable firewalld.service
```

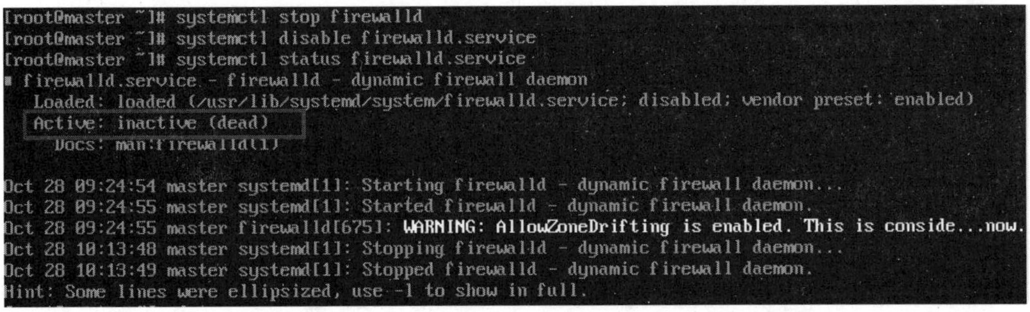

图 1.42　防火墙关闭

5. 时间同步

要保证主机时间设置准确，必须先确保每台机器的时区一致，否则同步以后的时间会有时差。实验中我们需要同步网络时间，因此要先选择相同的时区。

（1）可以使用 date 命令查看虚拟机的时间，代码如图 1.43 所示。

图 1.43　查看虚拟机的时间

（2）选择时区 tzselect，即选择亚洲中国北京时间，确认覆盖即可。

（3）Hadoop 集群对时间要求很高，所以在集群内的主机要经常使用网络时间协议（network time protocol，NTP），它是用来同步网络中各个计算机的时间的协议。进行时间同步时，master 作为 NTP 的服务器，slave1、slave2 作为 NTP 的客户端。

下载 NTP，代码如下。

```
yum install -y ntp
```

下载结果如图 1.44 所示。

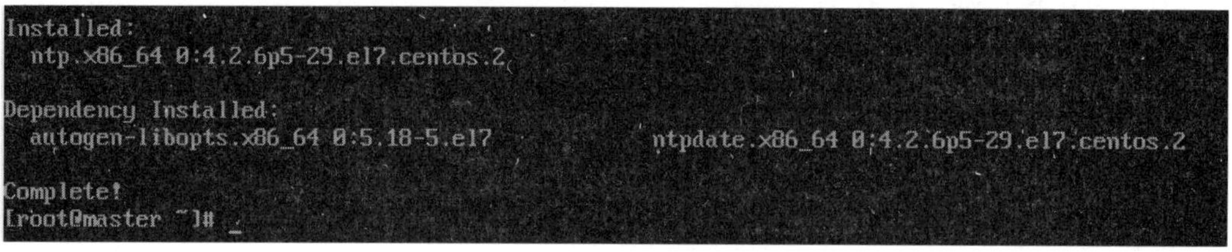

图 1.44　下载 NTP 的结果

（4）master 作为 NTP 的服务器，修改 NTP 配置文件。

在 master 上执行如下代码。

```
vi /etc/ntp.conf
```

结果如图 1.45 所示。

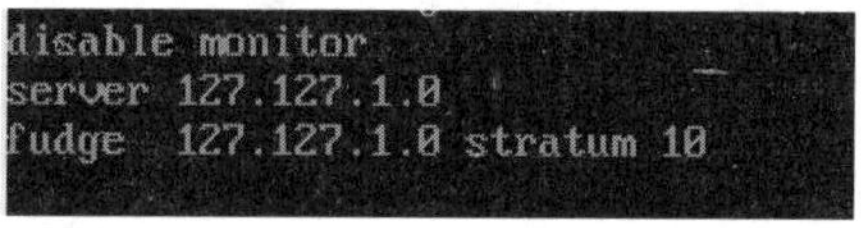

图 1.45　在 master 上修改 NTP 配置文件

重启 NTP 服务，代码如下。

```
/bin/systemctl restart ntpd.service
```

（5）等待大概五分钟，同步其他计算机（slave1、slave2）时间。

在 slave1、slave2 上分别执行如下代码。

```
ntpdate master
```

结果如图 1.46 所示。

图 1.46　slave1 同步时间结果

6. 配置SSH免密登录

SSH 主要通过 RSA 算法来产生公钥与私钥，在数据传输过程中需要对数据进行加密来保障数据的安全性和可靠性，公钥是公共部分，网络上任一节点均可以访问，私钥主要用于对数据进行加密，以防他人盗取数据。总而言之，这是一种非对称算法，想要破解还是非常有难度的。

  Hadoop 集群的各个节点之间需要进行数据的访问,被访问的节点对于访问用户节点的可靠性必须进行验证,Hadoop 采用的是 SSH 的方法通过密钥验证及数据加解密的方式进行远程安全登录操作。当然,如果 Hadoop 对每个节点的访问均需要进行验证,其效率将会大大降低,所以才需要配置 SSH 免密码的方法直接远程连入被访问节点,这样将大大提高访问效率。

  (1)产生密钥。

  每个节点(三台机器)分别产生公钥和私钥,代码如下。

```
ssh-keygen -t dsa -P '' -f ~/.ssh/id_dsa
```

  密钥产生目录在用户主目录下的.ssh 目录中,进入相应目录查看,代码如下,操作界面如图 1.47 所示。

```
cd .ssh/
ls
```

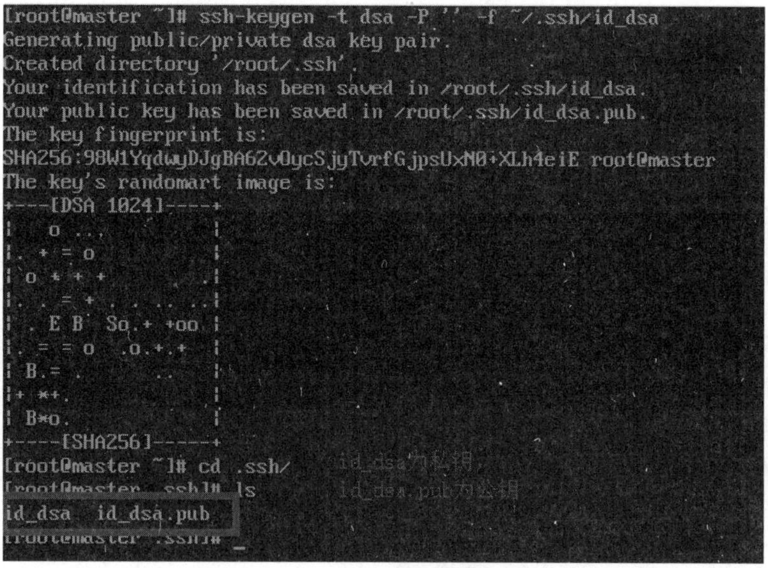

图 1.47　产 生 密 钥

  (2)id_dsa.pub 为公钥,id_dsa 为私钥,在 master 中将公钥文件复制成 authorized_keys 文件(注意在.ssh/路径下操作)。

```
cat id_dsa.pub >> authorized_keys
```

  输入命令 ssh master,在 master 上连接自己,也叫 SSH 内回环。第一次连接需要验证,输入 yes 即可,输入 exit 退出内回环会显示 logout,再次使用 ssh master 命令登录则不需要验证,如图 1.48 所示。

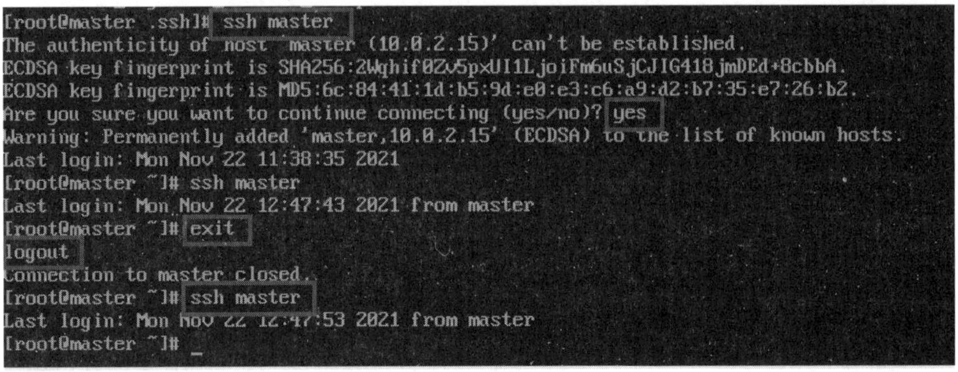

图 1.48　SSH 内回环

（3）让主节点 master 能通过 SSH 免密码登录两个子节点 slave1、slave2（在 slave 中操作）。

为了实现这个功能，两个子节点的公钥文件中必须包含主节点的公钥信息，这样 master 就可以顺利安全地访问这两个子节点了。slave1 节点(slave2 节点采用同样的操作) 通过 scp 命令远程登录 master 节点，并复制 master 的公钥文件到当前的目录下，且重命名为 master_dsa.pub，这一过程需要密码验证，如图 1.49 所示。

```
scp master:~/.ssh/id_dsa.pub ./master_dsa.pub
```

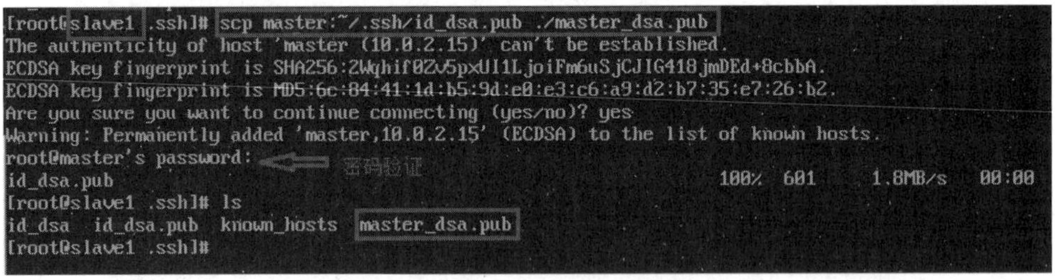

图 1.49　复制公钥并重命名

（4）将 master 节点的公钥文件追加到 authorized_keys 中，如图 1.50 所示。

```
cat master_dsa.pub >> authorized_keys
```

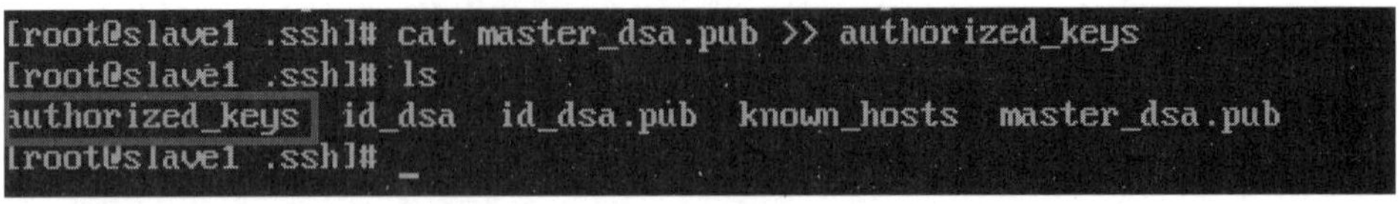

图 1.50　追加到 authorized_keys 中

（5）这时 master 节点就可以连接 slave1 节点，slave1 节点首次连接时需要输入 yes 确认连接，然后注销退出至 master 节点。再次连接时不需要确认，如图 1.51 所示。

```
[root@master ~]# ssh slave1
The authenticity of host 'slave1 (10.0.2.16)' can't be established.
ECDSA key fingerprint is SHA256:2Wqhif0Zv5pxUI1LjoiFm6uSjCJIG418jmDEd+8cbbA.
ECDSA key fingerprint is MD5:6c:84:41:1d:b5:9d:e0:e3:c6:a9:d2:b7:35:e7:26:b2.
Are you sure you want to continue connecting (yes/no)? yes
Warning: Permanently added 'slave1,10.0.2.16' (ECDSA) to the list of known hosts.
Last login: Mon Nov 22 11:38:30 2021
[root@slave1 ~]# exit
logout
Connection to slave1 closed.
[root@master ~]# ssh slave1
Last login: Mon Nov 22 13:13:05 2021 from master
[root@slave1 ~]# _
```

图 1.51　从 master 节点连接 slave1 节点

7. JDK安装及配置

注意： JDK 安装及配置需三台虚拟机同样操作。

（1）创建工作目录/usr/java，代码如下。

```
mkdir -p /usr/java
```

解压 JDK，代码如下。

```
tar -zxvf /opt/soft/jdk-8u171-linux-x64.tar.gz -C /usr/java/
```

命令界面如图 1.52 所示。

```
[root@master ~]# mkdir -p /usr/java
[root@master ~]# tar -zxvf /opt/soft/jdk-8u171-linux-x64.tar.gz -C /usr/java/
```

图 1.52　创建 java 目录

（2）查看 JDK 路径，配置环境变量，如图 1.53 所示。

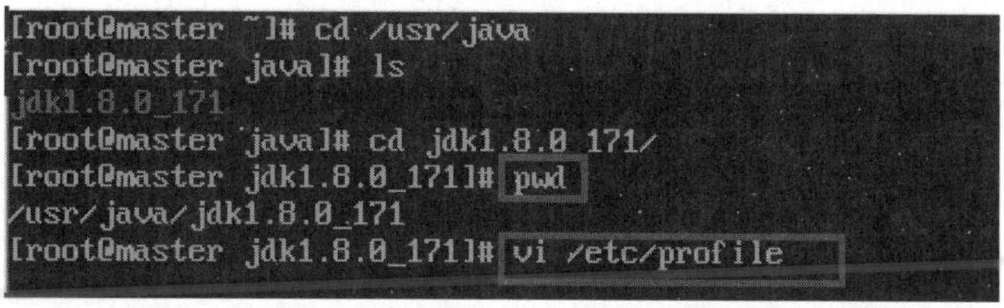

```
[root@master ~]# cd /usr/java
[root@master java]# ls
jdk1.8.0_171
[root@master java]# cd jdk1.8.0_171/
[root@master jdk1.8.0_171]# pwd
/usr/java/jdk1.8.0_171
[root@master jdk1.8.0_171]# vi /etc/profile
```

图 1.53　JDK 路径查看及环境变量配置

（3）在 profile 中添加内容，代码如下。

```
export JAVA_HOME=/usr/java/jdk1.8.0_171
```

```
export CLASSPATH=$JAVA_HOME/lib/
export PATH=$PATH:$JAVA_HOME/bin
export PATH JAVA_HOME CLASSPATH
```

配置环境变量如图 1.54 所示。

图 1.54　配置环境变量

（4）生效环境变量，代码如下。

```
source /etc/profile
```

查看 Java 版本，代码如下。

```
java -version
```

JDK 安装成功界面，如图 1.55 所示。

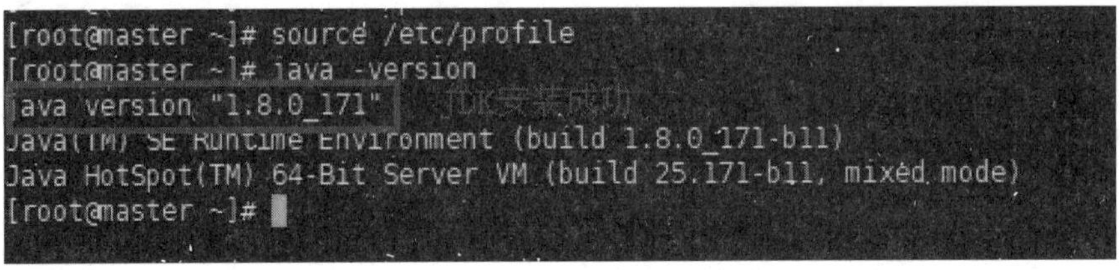

图 1.55　JDK 安装成功界面

8.　安装 Hadoop

（1）创建工作目录/usr/hadoop，代码如下。

```
mkdir -p /usr/hadoop
```

解压 Hadoop，代码如下。

```
tar -zxvf /opt/soft/hadoop-2.7.3.tar.gz -C /usr/hadoop/
```

创建 Hadoop 目录如图 1.56 所示。

图 1.56　创建 Hadoop 目录

（2）配置环境变量。

修改/etc/profile 文件，添加如下代码。

```
#HADOOP
export HADOOP_HOME=/usr/hadoop/hadoop-2.7.3
export CLASSPATH=$CLASSPATH:$HADOOP_HOME/lib
export PATH=$PATH:$HADOOP_HOME/bin
```

配置环境变量如图 1.57 所示。

图 1.57　配置环境变量

（3）生效配置文件，代码如下。

```
source /etc/profile
```

（4）在 hadoop-env.sh 中配置 Java 环境变量。

找到 hadoop-env.sh 所在目录，代码如下。

```
cd /usr/hadoop/hadoop-2.7.3/etc/hadoop/
```

显示目录文件，代码如下。

```
ls
```

修改配置文件，代码如下。

```
vi hadoop-env.sh
```

切换 hadoop-env.sh 所在目录，操作界面如图 1.58 所示。

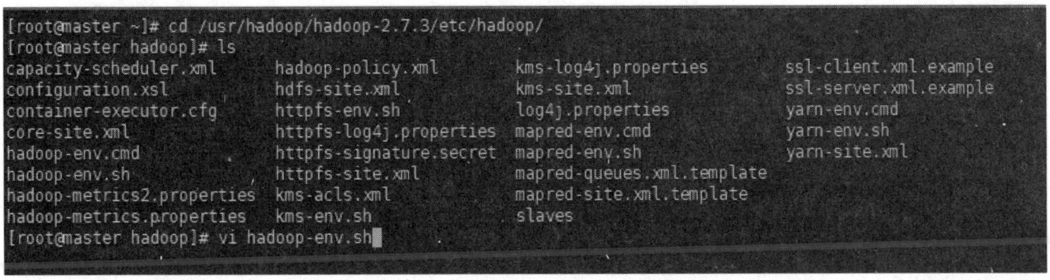

图 1.58　切换 hadoop-env.sh 所在目录

添加如下代码。

```
export JAVA_HOME=/usr/java/jdk1.8.0_171
```

配置 Java 环境变量，如图 1.59 所示。

```
# The jsvc implementation to use. Jsvc is required to run secure datanodes
export JAVA_HOME=/usr/java/jdk1.8.0_171
# that bind to privileged ports to provide authentication of data transfer
# protocol. Jsvc is not required if SASL is configured for authentication of
# data transfer protocol using non-privileged ports.
#export JSVC_HOME=${JSVC_HOME}
```

图 1.59　配置 Java 环境变量

9. 配置 Hadoop 各组件

Hadoop 的各个组件都是使用 XML 进行配置的，这些文件存放在 Hadoop 的 etc/hadoop 目录下，如表 1-1 所示。

表 1-1　Hadoop 各组件的配置文件

组件	XML 配置文件
Common 组件	core-site.xml
HDFS 组件	hdfs-site.xml
MapReduce 组件	mapred-site.xml
YARN 组件	yarn-site.xml

（1）配置 core-site.xml 文件。

在/user/hadoop/hadoop-2.7.3/etc/hadoop 的目录当中，修改 core-site.xml 文件，注意在 <configuration></configuration> 中加入代码。

建立 tmp 文件夹，代码如下。

```
mkdir -p /usr/hadoop/hadoop-2.7.3/hdfs/tmp
```

修改 core-site.xml 文件，代码如下。

```
vi core-site.xml
```

修改内容如下。

```
<property>
<name>fs.default.name</name>
<value>hdfs://master:9000</value>
<description>指定 namenode 的地址</description>
</property>
<property>
```

```
<name>hadoop.tmp.dir</name>
<value>file:/usr/hadoop/hadoop-2.7.3/hdfs/tmp</value>
<description>指定使用 hadoop 时产生文件的存放目录</description>
</property>
<property>
<name>io.file.buffer.size</name>
<value>131072</value>
<description>流文件的缓冲区大小为 128K</description>
</property>
<property>
<name>fs.checkpoint.period</name>
<value>60</value>
<description>动态检查的间隔时间设置</description>
</property>
<property>
<name>fs.checkpoint.size</name>
<value>67108864</value>
<description>日志文件大小为 64M</description>
</property>
```

（2）配置 yarn-site.xml 文件，代码如下。

```
<property>
<name>yarn.resourcemanager.address</name>
<value>master:18040</value>
<description>ResourceManager 客户端暴露的地址 </description>
</property>
<property>
<name>yarn.resourcemanager.scheduler.address</name>
<value>master:18030</value>
<description>ResourceManager 对 ApplicationMaster 暴露的访问地址 </description>
</property>
<property>
<name>yarn.resourcemanager.webapp.address</name>
<value>master:18088</value>
<description> ResourceManager 对外 WebUI 地址</description>
</property>
<property>
<name>yarn.resourcemanager.resource-tracker.address</name>
<value>master:18025</value>
```

```
<description>ResourceManager 对 NodeManager 暴露的地址。NodeManager 通过该地
址向 RM 汇报心跳，领取任务等 </description>
</property>
<property>
<name>yarn.resourcemanager.admin.address</name>
<value>master:18141</value>
<description> ResourceManager 对管理员暴露的访问地址。管理员通过该地址向 RM 发送
管理命令等</description>
</property>
<property>
<name>yarn.nodemanager.aux-services</name>
<value>mapreduce_shuffle</value>
<description>资源调度模型 </description>
</property>
<property>
<name>yarn.nodemanager.auxservices.mapreduce.shuffle.class</name>
<value>org.apache.hadoop.mapred.ShuffleHandler</value>
<description>mapreduce 动态资源分配调度模型类 </description>
</property>
```

（3）配置 hdfs-site.xml 文件。

建立 data 和 name，代码如下。

```
mkdir -p /usr/hadoop/hadoop-2.7.3/hdfs/data
mkdir -p /usr/hadoop/hadoop-2.7.3/hdfs/name
```

修改 hdfs-site.xml 文件，代码如下。

```
<property>
<name>dfs.replication</name>
<value>2</value>
<description> 缺省的块复制数量</description>
</property>
<property>
<name>dfs.namenode.name.dir</name>
<value>file:/usr/hadoop/hadoop-2.7.3/hdfs/name</value>
<description> 存储在本地的主节点数据镜像的目录，作为主节点的冗余备份
</description>
</property>
<property>
<name>dfs.datanode.data.dir</name>
```

```
<value>file:/usr/hadoop/hadoop-2.7.3/hdfs/data</value>
<description> 数据节点的块本地存放目录</description>
</property>
<property>
<name>dfs.namenode.secondary.http-address</name>
<value>master:9001</value>
<description>secondary namenode 的 web 端口号 </description>
</property>
<property>
<name>dfs.webhdfs.enabled</name>
<value>true</value>
<description>web 访问 hdfs </description>
</property>
<property>
<name>dfs.permissions</name>
<value>false</value>
<description> 文件操作时的权限检查标识</description>
</property>
```

（4）配置 mapred-site.xml 文件。

Hadoop 是没有这个文件的，需要将 mapred-site.xml.template 复制为 mapred-site.xml，代码如下。

```
cp mapred-site.xml.template mapred-site.xml
```

修改 mapred-site.xml 文件，代码如下。

```
<property>
<!-指定 Mapreduce 运行在 yarn 上-->
    <name>mapreduce.framework.name</name>
    <value>yarn</value>
</property>
```

（5）编写 slaves 文件，添加子节点 slave1 和 slave2。

```
vi slaves
```

编写 slaves 文件界面如图 1.60 所示。

（6）编写 master 文件，添加主节点 master。

```
vi master
```

编写 master 文件界面如图 1.61 所示。

图 1.60　编写 slaves 文件　　　　　　　　图 1.61　编写 master 文件

（7）查看 slaves 和 master 文件，如图 1.62 所示。

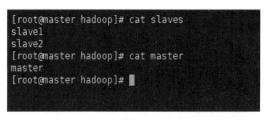

图 1.62　查看 slaves 文件和 master 文件

（8）向 slave1 和 slave2 分发 hadoop，代码如下。

```
scp -r /usr/hadoop root@slave1:/usr/
scp -r /usr/hadoop root@slave2:/usr/
```

（9）在 slave1 和 slave2 中修改/etc/profile，代码如下。

```
#HADOOP
export HADOOP_HOME=/usr/hadoop/hadoop-2.7.3
export CLASSPATH=$CLASSPATH:$HADOOP_HOME/lib
export PATH=$PATH:$HADOOP_HOME/bin
```

（10）生效配置文件，代码如下。

```
source /etc/profile
```

（11）格式化 namenode，代码如下。

```
hadoop namenode -format
```

当出现"Exiting with status 0"提示信息的时候，表明格式化成功，如图 1.63 所示。

```
21/11/22 19:49:41 INFO namenode.FSImageFormatProtobuf: Saving image file /usr/hadoop/hadoop-2.7.3/hdfs/name/current/fs
image.ckpt_0000000000000000000 using no compression
21/11/22 19:49:41 INFO namenode.FSImageFormatProtobuf: Image file /usr/hadoop/hadoop-2.7.3/hdfs/name/current/fsimage.c
kpt_0000000000000000000 of size 351 bytes saved in 0 seconds.
21/11/22 19:49:41 INFO namenode.NNStorageRetentionManager: Going to retain 1 images with txid >= 0
21/11/22 19:49:41 INFO util.ExitUtil: Exiting with status 0
21/11/22 19:49:41 INFO namenode.NameNode: SHUTDOWN_MSG:
/************************************************************
SHUTDOWN_MSG: Shutting down NameNode at master/10.0.2.15
************************************************************/
```

图 1.63　格式化成功

10. 开启集群

（1）主节点开启集群。

仅在 master 主机上开启操作命令，它会带动子节点的启动。

返回到 hadoop-2.7.3 路径，开启集群，代码如下。

```
sbin/start-all.sh
```

查看进程，代码如下。

```
jps
```

主节点开启集群如图 1.64 所示。

```
[root@master hadoop]# cd ..
[root@master etc]# cd ..
[root@master hadoop-2.7.3]# sbin/start-all.sh
This script is Deprecated. Instead use start-dfs.sh and start-yarn.sh
Starting namenodes on [master]
master: starting namenode, logging to /usr/hadoop/hadoop-2.7.3/logs/hadoop-root-namenode-master.out
slave2: starting datanode, logging to /usr/hadoop/hadoop-2.7.3/logs/hadoop-root-datanode-slave2.out
slave1: starting datanode, logging to /usr/hadoop/hadoop-2.7.3/logs/hadoop-root-datanode-slave1.out
Starting secondary namenodes [master]
master: starting secondarynamenode, logging to /usr/hadoop/hadoop-2.7.3/logs/hadoop-root-secondarynamenode-master.out
starting yarn daemons
starting resourcemanager, logging to /usr/hadoop/hadoop-2.7.3/logs/yarn-root-resourcemanager-master.out
slave1: starting nodemanager, logging to /usr/hadoop/hadoop-2.7.3/logs/yarn-root-nodemanager-slave1.out
slave2: starting nodemanager, logging to /usr/hadoop/hadoop-2.7.3/logs/yarn-root-nodemanager-slave2.out
[root@master hadoop-2.7.3]# jps
5968 Jps
5560 SecondaryNameNode
5375 NameNode
5711 ResourceManager
[root@master hadoop-2.7.3]#
```

图 1.64　主节点开启集群

（2）在 slave1 和 slave2 子节点查看进程，如图 1.65 所示。

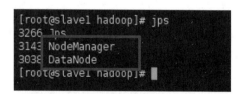

```
[root@slave1 hadoop]# jps
3266 Jps
3143 NodeManager
3038 DataNode
[root@slave1 hadoop]#
```

图 1.65　子节点查看进程

（3）访问集群 WebUI。

集群开启之后可以访问其集群的 WebUI，如图 1.66 所示。直接使用浏览器访问 master 的 50070 端口，查看集群的运行状态。用浏览器访问 "masterIP：50070"。

注意：如果发现集群已启动，但是访问不了，可能是防火墙没有关闭。

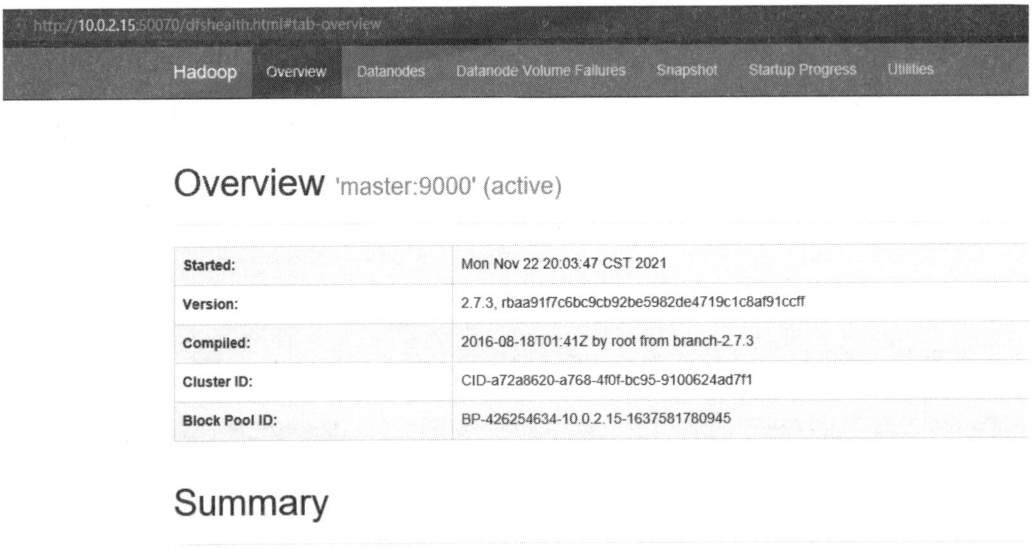

图 1.66　访问集群 WebUI

11．词频统计测试实验

（1）脚本命令练习。

查看 dfs 根目录文件，代码如下。

```
hadoop fs -ls / 在 hdfs
```

在 hdfs 上新建文件 data，代码如下。

```
hadoop fs -mkdir /data
```

再次进行查看，代码如下。

```
hadoop fs -ls /
```

新建文件 data 如图 1.67 所示。

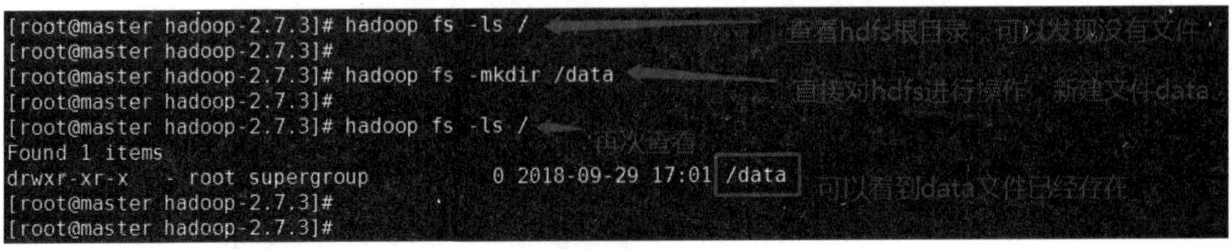

图 1.67　新建文件 data

使用 WebUI 查看，可以看到新建的 data 文件，如图 1.68 所示。

图 1.68　在 WebUI 中查看 data 文件

创建/home/hadoop 文件路径，代码如下。

```
hadoop fs -mkdir -p /home/hadoop/
```

上传/usr/hadoop/hadoop-2.7.3/bin/下的文件到/home/hadoop/，代码如下。

```
hadoop fs -put /usr/hadoop/hadoop-2.7.3/bin/ /home/hadoop/
```

查看文件，代码如下。

```
hadoop fs -ls /
```

从/home/hadoop/bin/将 rcc 下载至本地/root，代码如下。

```
hadoop fs -get /home/hadoop/bin/rcc /root
```

切换目录，代码如下。

```
cd /root/
```

查看文件，代码如下。

```
ls
```

显示 rcc 内容，代码如下。

```
cat rcc
```

（2）创建 test 文件，代码如下。

```
vi test
```

创建词频文件如图 1.69 所示。

```
[root@master ~]# vi test
[root@master ~]# cat test
i love china
i love hadoop
i love java
i love ccit
i love changchun
```

图 1.69 创建词频文件

（3）上传 test 文件，代码如下。

```
hadoop fs -put /root/test /
```

应用 wordcount 实例代码对 test 文件进行词频统计，代码如下。

```
hadoop jar /usr/hadoop/hadoop-2.7.3/share/hadoop/mapreduce/hadoop-
mapreduce-examples-2.7.3.jar wordcount /test /aa
```

操作界面如图 1.70 所示。

```
[root@master ~]# hadoop jar /usr/hadoop/hadoop-2.7.3/share/hadoop/mapreduce/hadoop-mapreduce-examples-2.7.3.jar wordco
unt /test /aa
21/11/22 20:43:22 INFO client.RMProxy: Connecting to ResourceManager at master/10.0.2.15:18040
21/11/22 20:43:23 INFO input.FileInputFormat: Total input paths to process : 1
21/11/22 20:43:23 INFO mapreduce.JobSubmitter: number of splits:1
21/11/22 20:43:23 INFO mapreduce.JobSubmitter: Submitting tokens for job: job_1637582642722_0001
21/11/22 20:43:24 INFO impl.YarnClientImpl: Submitted application application_1637582642722_0001
21/11/22 20:43:24 INFO mapreduce.Job: The url to track the job: http://master:18088/proxy/application_1637582642722_00
01/
21/11/22 20:43:24 INFO mapreduce.Job: Running job: job_1637582642722_0001
21/11/22 20:43:31 INFO mapreduce.Job: Job job_1637582642722_0001 running in uber mode : false
21/11/22 20:43:31 INFO mapreduce.Job:  map 0% reduce 0%
21/11/22 20:43:35 INFO mapreduce.Job:  map 100% reduce 0%
21/11/22 20:43:41 INFO mapreduce.Job:  map 100% reduce 100%
21/11/22 20:43:41 INFO mapreduce.Job: Job job_1637582642722_0001 completed successfully
21/11/22 20:43:41 INFO mapreduce.Job: Counters: 49
        File System Counters
                FILE: Number of bytes read=88
                FILE: Number of bytes written=237801
                FILE: Number of read operations=0
                FILE: Number of large read operations=0
                FILE: Number of write operations=0
                HDFS: Number of bytes read=157
                HDFS: Number of bytes written=54
                HDFS: Number of read operations=6
                HDFS: Number of large read operations=0
                HDFS: Number of write operations=2
        Job Counters
```

图 1.70 wordcount 实例代码

（4）查看统计结果，代码如下。

```
hadoop fs -cat /aa/part-r-00000
```

词频统计运行结果如图 1.71 所示。

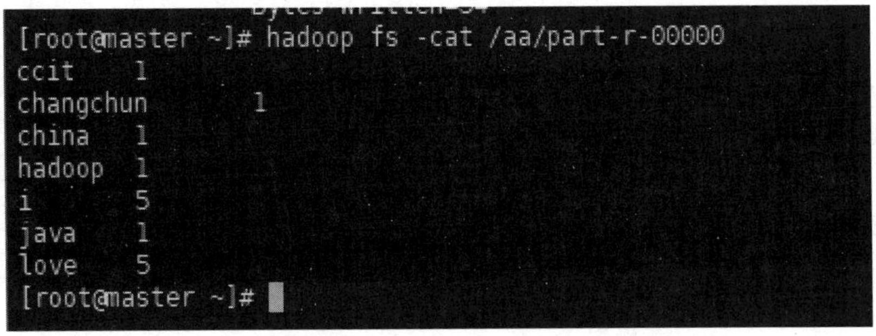

图 1.71　词频统计运行结果

第二部分
人工智能篇

实验 2.1 TensorFlow 基础

TensorFlow 是 Python 的第三方库，其核心是数据流图（data flow graph），是常用于数值计算的开源软件库，在人工智能领域的计算方面应用得比较多。节点（node）在图中表示数学操作，图中的线（edge）则表示在节点间相互联系的多维数据数组，即张量（tensor）。TensorFlow 使用图（graph）来表示计算任务，graph 中的节点称为 operation，一个 operation 获得 0 个或者多个 tensor，执行计算，产生 0 个或者多个 tensor。tensor 可被看作一个 n 维的数组或者列表。图必须在会话（session）里被启动。TensorBoard 是 TensorFlow 的一个可视化工具，可以用来展现 TensorFlow 图像，绘制图像生成的定量指标图以及附加数据。

一、实验目的

- 掌握安装 TensorFlow 的方法。
- 了解 TensorFlow 的运行原理。
- 熟悉 TensorFlow 的基本操作。
- 了解 TensorBoard 的原理与使用。

二、实验内容

【实验任务】

- 安装 TensorFlow 环境。
- 编写 TensorFlow 基础操作代码。
- 使用 TensorBoard 展示数据图像。

【实验指导】

1. 安装TensorFlow

安装 TensorFlow 的方法有两种：一是到 TensorFlow 的官方网站下载并安装；二是在命令行模式下直接用 pip 命令安装即可。图 2.1 所示为第二种安装方法。

```
C:\Windows\system32\cmd.exe                                        —    □    ×

C:\Users>pip install tensorflow
```

图 2.1　命令行模式下安装 TensorFlow

出现"Successfully installed……"字样即表示安装成功。

2. 验证TensorFlow安装

在 Python 交互式命令界面下输入下面两行命令。

```
import tensorflow
print(tensorflow.__version__)
```

注意：其中"__"均为两个下画线字符。

TensorFlow 版本验证结果如图 2.2 所示。

```
C:\Users\Lenovo>python
Python 3.7.2 (tags/v3.7.2:9a3ffc0492, Dec 23 2018, 23:09:28) [MSC v.1916 64 bit (AMD64)] on win32
Type "help", "copyright", "credits" or "license" for more information.
>>> import tensorflow
>>> print(tensorflow.__version__)
1.13.1
>>>
```

图 2.2　TensorFlow 版本验证结果

从图 2.2 中可以看到，结果 1.13.1 表示 TensorFlow 当前的版本号。

更新 TensorFlow，代码如下。

```
pip install -U tensorflow
```

该命令可以将 TensorFlow 更新到最新版本。

3. 使用TensorFlow创建简单的常量节点并计算

实验步骤如下。

（1）打开 Python IDLE（图 2.3），选择 File→New File 菜单命令，显示如图 2.4 所示的 Python 脚本窗口。

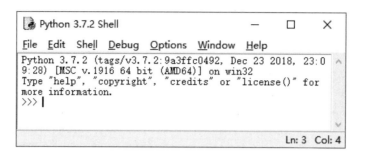

图 2.3　Python IDLE

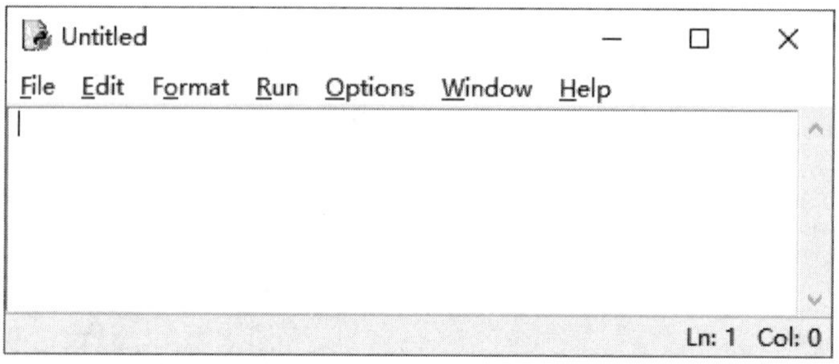

图 2.4　Python 脚本窗口

（2）编写 TensorFlow 基础操作代码。

在图 2.4 的 Python 脚本窗口中输入如下代码。

```
import tensorflow as tf #使用 import 导入 TensorFlow 模块，别名为 tf
a=tf.constant(5) #创建常量节点 a 值为 5
b=tf.constant(3) #创建常量节点 b 值为 3
with tf.Session() as sess: #创建一个 session 会话对象调用 run 方法运行计算
print("a:%i" % sess.run(a) , "b:%i" % sess.run(b))
print("Addition with constants: %i" % sess.run(a+b))
print("Multiplication with constant: %i" % sess.run(a*b))
```

（3）在图 2.5 中选择 Run→Run Module 菜单命令，运行程序，结果如图 2.6 所示。

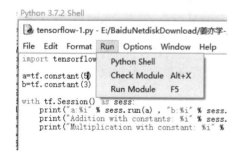

图 2.5　Python 脚本窗口

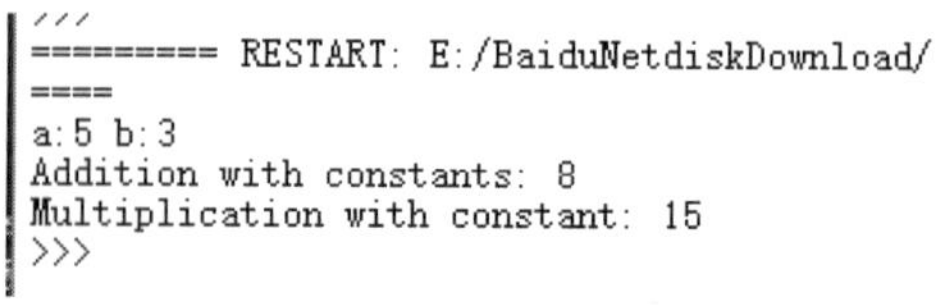

```
"""
========= RESTART: E:/BaiduNetdiskDownload/
====
a:5 b:3
Addition with constants: 8
Multiplication with constant: 15
>>>
```

图 2.6　运行结果

4. 使用TensorFlow创建简单的变量节点并计算

实验步骤如下。

（1）打开 Python IDLE，如图 2.3 所示，选择 File→New File 菜单命令。

（2）在图 2.4 所示的 Python 脚本窗口中编写如下 TensorFlow 操作代码。

```
import tensorflow as tf
#创建 a，b 变量
a = tf.placeholder(tf.int16)
b = tf.placeholder(tf.int16)
#使用 tf 中的 add，multiply 函数对 a，b 进行求和与求积操作
add = tf.add(a,b)
mul = tf.multiply(a,b)
#创建一个 session 会话对象，调用 run 方法，运行计算
with tf.Session() as sess:
    print("Addition with variables: %i" % sess.run(add, feed_dict={a: 5, b: 3}))
    print("Multiplication with variables: %i" % sess.run(mul, feed_dict={a: 5, b: 3}))
```

（3）参照图 2.5，选择 Run→Run Module 菜单命令，运行程序，结果如图 2.7 所示。

```
========= RESTART: E:/BaiduNetdiskDownload/
====
Addition with variables: 8
Multiplication with variables: 15
>>>
```

图 2.7　运行结果

（4）使用 TensorBoard 展示 TensorFlow 图像。

TensorBoard 的使用方法，以如下代码为例，用两个简单的常量节点 a、b 来计算 (a+b)+a×b。

```
import tensorflow as tf
import os
os.environ['TF_CPP_MIN_LOG_LEVEL'] = '2'
a = tf.constant(5, name="input_a")
b = tf.constant(3, name="input_b")
c = tf.multiply(a, b, name="mul_c")
d = tf.add(a, b, name="add_d")
e = tf.add(c, d, name="add_e")
sess = tf.compat.v1.Session()
output = sess.run(e)
writer = tf.compat.v1.summary.FileWriter('C:\tb', sess.graph) #第一个参
数指定生成文件的目录
writer.close()
sess.close()
```

运行上述代码后，可以在如图 2.8 所示的指定目录下找到 tf.summary.FileWriter 生成的文件。

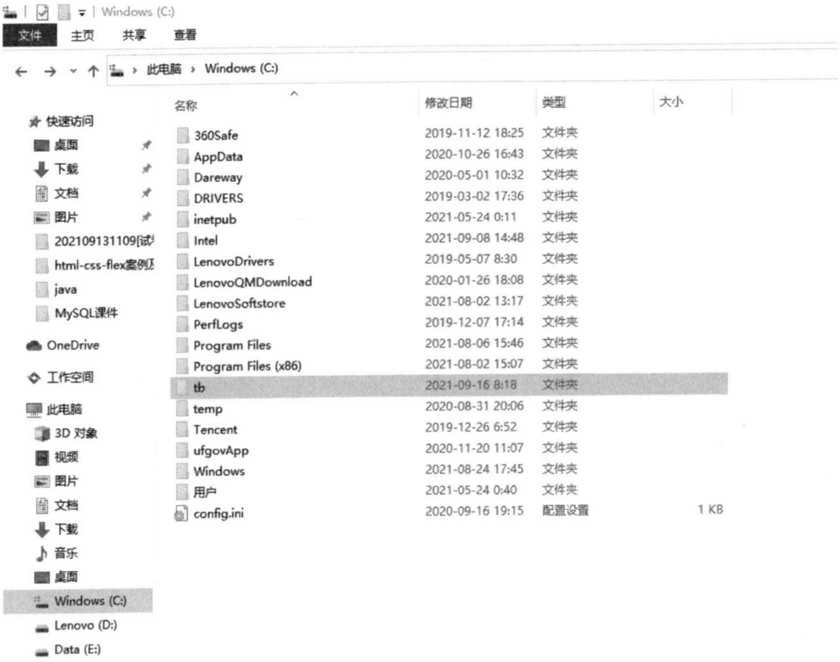

图 2.8　指定目录

打开图 2.8 中的指定目录，找到生成文件，即图 2.9 所示的 graph 文件。

图 2.9　graph 文件

然后打开命令终端，首先进入文件目录的上层文件夹，在此上层文件夹地址为 C:\。然后输入 tensorboard--logdir=<文件目录>，这里文件目录为 tb，结果如图 2.10 所示。

图 2.10 命令终端

打开 IE 浏览器，在地址栏中输入"localhost：6006"查看 TensorBoard 数据图，如图 2.11 所示。

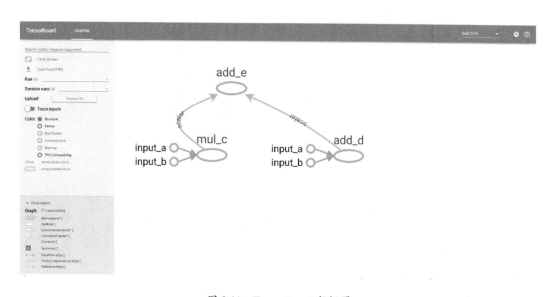

图 2.11 TensorBoard 数据图

三、练习

（1）使用 TensorFlow 创建三个常量节点并求其和。
（2）使用 TensorFlow 创建三个变量节点并求其最大值。
（3）使用 TensorBoard 查看（1）和（2）的数据图。

实验 2.2　TensorFlow 应用

不同维度的数据有不同的含义。零维可以看作一个点，一个单一的对象或一个单一的项目；一维可以看作一条线，一维数组可以看作这条线上的数字，或者位于这条线上的点，一维可以包含无限的零维或点元素；二维可以看作一个面，一个二维数组可以看作无限延伸的表面；三维可以看作一个体，三维矩阵可以看作无限延伸的空间体；四维可以看作超空间或时空，其体积随着时间的变化而变化。本实验介绍如何使用 TensorFlow 来定义不同维度的数据并处理这些数据。

一、实验目的

- 使用 TensorFlow 表示多维数据。
- 使用 TensorFlow 处理图像。

二、实验内容

【实验任务】

- 使用 TensorFlow 处理一维、二维、三维、四维数据。
- 使用 TensorFlow 表示图像数据。
- 使用 TensorFlow 对图像进行裁剪和填充。
- 使用 TensorFlow 调整图像亮度、色相和饱和度。
- 使用 TensorFlow 标注框标注目标。

【实验指导】

1. 使用TensorFlow定义一维、二维、三维数据并显示

代码如下。

```
import tensorflow as tf
Vector = tf.constant([5,6,2]) #一维
Matrix = tf.constant([[1,2,3],[2,3,4],[3,4,5]]) #二维
Tensor = tf.constant( [[[1,2,3],[2,3,4],[3,4,5]],[[4,5,6],[5,6,7],
[6,7,8]] , [[7,8,9],[8,9,10],[9,10,11]]] ) #三维
with tf.Session() as session:#建立会话
    result = session.run(Vector)
    print ("Vector (3 entries) :\n %s \n" % result)
```

```
result = session.run(Matrix)
print ("Matrix (3x3 entries):\n %s \n" % result)
result = session.run(Tensor)
print( "Tensor (3x3x3 entries) :\n %s \n" % result)
```

程序运行结果如图 2.12 所示。

```
Vector (3 entries) :
 [5 6 2]

Matrix (3x3 entries):
 [[1 2 3]
 [2 3 4]
 [3 4 5]]

Tensor (3x3x3 entries) :
 [[[ 1  2  3]
  [ 2  3  4]
  [ 3  4  5]]

 [[ 4  5  6]
  [ 5  6  7]
  [ 6  7  8]]

 [[ 7  8  9]
  [ 8  9 10]
  [ 9 10 11]]]

>>>
```

图 2.12　程序运行结果

2. 使用 TensorFlow 定义两个 3×3 矩阵，求其和、积

代码如下。

```
import tensorflow as tf
Matrix_one = tf.constant([[1,2,3],[2,3,4],[3,4,5]])
Matrix_two = tf.constant([[2,2,2],[2,2,2],[2,2,2]])
first_operation = tf.add(Matrix_one, Matrix_two)#使用 add 函数实现加操作
second_operation = Matrix_one + Matrix_two#使用+实现加操作
first1_operation = tf.matmul(Matrix_one, Matrix_two) #使用 matmul 函数实现
矩阵相乘的操作
second1_operation = Matrix_one * Matrix_two#使用*实现矩阵对应元素相乘的操作
with tf.Session() as session:
    result = session.run(first_operation)
    print ("Defined using tensorflow function :")
    print(result)
    result = session.run(second_operation)
    print( "Defined using normal expressions :")
        print(result)
    result = session.run(first1_operation)
    print ("Defined using tensorflow function :")
```

```
print(result)
result = session.run(second1_operation)
print( "Defined using normal expressions :")
print(result)
```

程序运行结果如图 2.13 所示。

```
Defined using tensorflow function :
[[3 4 5]
 [4 5 6]
 [5 6 7]]
Defined using normal expressions :
[[3 4 5]
 [4 5 6]
 [5 6 7]]
Defined using tensorflow function :
[[12 12 12]
 [18 18 18]
 [24 24 24]]
Defined using normal expressions :
[[ 2  4  6]
 [ 4  6  8]
 [ 6  8 10]]
>>>
```

图 2.13　程序运行结果

3.　使用TensorFlow处理图像

　　一张 RGB 色彩模式的图像可以看作一个三维矩阵，矩阵的每一个数字表示图像上不同位置、不同颜色的亮度。然而图像在存储时并不是直接记录这些矩阵中的数字，而是记录经过压缩编码之后的结果。所以要将一张图像还原成一个三维矩阵，需要进行解码。TensorFlow 提供了对 jpeg 和 png 格式图像的编码/解码函数。

　　我们先来看以下代码。

```
import matplotlib.pyplot as plt
import tensorflow as tf
import numpy as np
# 读取图像的原始数据
image_raw_data = tf.gfile.FastGFile('E:/dog.jpg', 'rb').read()  # 必须是
'rb' 模式打开, 否则会报错

with tf.Session() as sess:
    # 将图像使用 jpeg 的格式解码, 从而得到图像对应的三维矩阵
    # tf.image.decode_jpeg 函数对 png 格式的图像进行解码。解码之后的结果为一个张量
    # 在使用它的取值之前需要明确调用运行的过程
    img_data = tf.image.decode_jpeg(image_raw_data)
    # 输出解码之后的三维矩阵
print(img_data.eval())
```

运行程序，图像数据如图 2.14 所示。

```
[[[225 233 236]
  [225 233 236]
  [226 234 237]
  ...
  [252 255 255]
  [252 255 255]
  [252 255 255]]

 [[226 234 237]
  [226 234 237]
  [227 235 238]
  ...
  [252 255 255]
  [252 255 255]
  [252 255 255]]

 [[227 235 238]
  [227 235 238]
  [228 236 239]
  ...
  [252 255 255]
  [252 255 255]
  [252 255 255]]

 ...

 [[247 247 247]
  [248 248 248]
  [250 250 250]
  ...
  [255 255 251]
  [255 255 251]
  [255 255 251]]

 [[252 252 252]
  [251 251 251]
  [249 249 249]
  ...
  [255 255 251]
  [255 255 251]
  [255 255 251]]

 [[252 252 252]
  [251 251 251]
  [249 249 249]
  ...
  [255 255 251]
  [255 255 251]
  [255 255 251]]]
>>>
```

图 2.14   图像数据

显示图像的代码如下。

```
with tf.Session() as sess:
    plt.imshow(img_data.eval())
    plt.show()
```

运行程序，显示图像结果如图 2.15 所示。

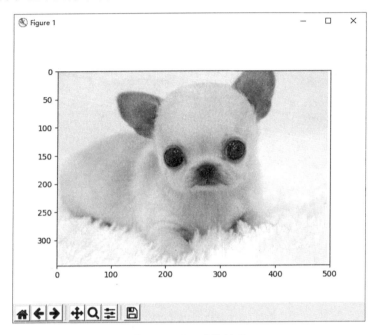

图 2.15　显示图像结果

图像数据格式转换的代码如下。

```
with tf.Session() as sess:
    # 数据类型转换为实数，方便程序对图像进行处理
    img_data = tf.image.convert_image_dtype(img_data, dtype= tf.float32)
    img_data = tf.image.convert_image_dtype(img_data, dtype= tf.uint8)
    # 将表示一张图像的三维矩阵重新按照 jpeg 格式编码并存入文件中
    # 打开这张图像，可以得到和原始图像一样的图像
    encoded_image = tf.image.encode_jpeg(img_data)
    with tf.gfile.GFile('E:/datasets/output.jpg', 'wb') as f:
        f.write(encoded_image.eval())
```

（1）通过算法使得新的图像尽可能地保留原始图像上的所有信息。

TensorFlow 提供了四种不同的方法，并且将它们封装在 tf.image.resize_images 函数中，如表 2-1 所示。

表 2-1　tf.image.resize_images 的 method 参数

method 取值	图像大小调整算法
0	双线性插值（bilinear interpolation）
1	最近邻插值（nearest neighbor interpolation）

续表

method 取值	图像大小调整算法
2	双三次插值（bicubic interpolation）
3	面积插值（area interpolation）

```
with tf.Session() as sess:
    resized = tf.image.resize_images(img_data, [300, 300], method=0)
    # TensorFlow 的函数处理图像后存储的数据是 float32 格式的，需要转换成 uint8 才
能正确打印图片
    print("Digital type: ", resized.dtype)
    print("Digital shape: ", resized.get_shape())
    cat = np.asarray(resized.eval(), dtype='uint8')
    # tf.image.convert_image_dtype(rgb_image, tf.float32)
    plt.imshow(cat)
    plt.show()
```

程序运行结果如图 2.16 所示。

图 2.16　运行结果

程序输出结果如下。

```
输出结果：
Digital type: <dtype: 'float32'>
Digital shape: (300, 300, 3)
```

（2）调整图像大小

使用 TensorFlow 调整图像大小的方法有以下两种。

① 通过裁剪和填充调整图像大小。

使用 tf.image.resize_image_with_crop_or_pad 函数可以调整图像的大小。如果原始图像的尺寸大于目标图像，这个函数会自动截取原始图像中居中的部分；如果目标图像的尺寸大于原始图像，这个函数会自动在原始图像的四周填充全 0 背景。请看如下代码。

```
with tf.Session() as sess:
    croped = tf.image.resize_image_with_crop_or_pad(img_data, 1000, 1000)
    padded = tf.image.resize_image_with_crop_or_pad(img_data, 3000, 3000)
    plt.imshow(croped.eval())
    plt.show()
    plt.imshow(padded.eval())
    plt.show()
```

程序运行结果如图 2.17 所示。

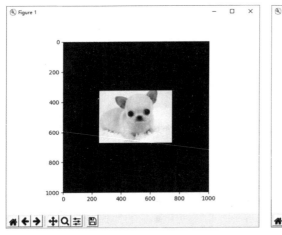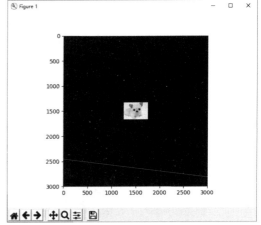

图 2.17　裁剪图与填充图

② 按比例裁剪调整图像大小。

使用 tf.image.central_crop 函数可以按比例裁剪图像，其中比例取(0,1]中的实数。

```
with tf.Session() as sess:
    central_cropped = tf.image.central_crop(img_data, 0.5)
    plt.imshow(central_cropped.eval())
    plt.show()
```

程序运行结果如图 2.18 所示。

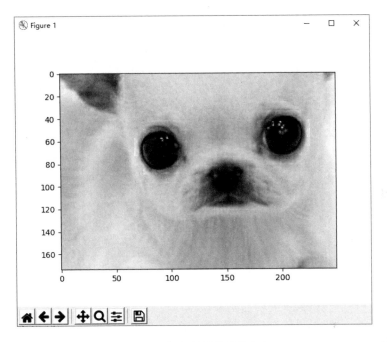

图 2.18　按比例调整图像大小

（3）图像翻转。

在很多图像识别问题中，图像的翻转不会影响识别结果。TensorFlow 提供了方便的应用程序接口（application programming interface，API）完成图像翻转的过程。

代码如下。

```python
with tf.Session() as sess:
    # 上下翻转
    flipped1 = tf.image.flip_up_down(img_data)
    plt.imshow(flipped1.eval())
    plt.show()
    # 左右翻转
    flipped2 = tf.image.flip_left_right(img_data)
    plt.imshow(flipped2.eval())
    plt.show()
    #对角线翻转
    transposed = tf.image.transpose_image(img_data)
    plt.imshow(transposed.eval())
    plt.show()
```

程序运行结果如图 2.19 所示。

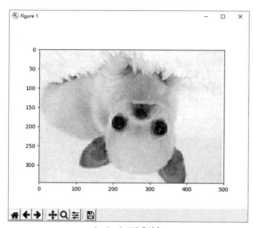

（a）上下翻转

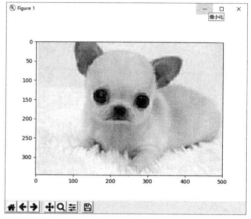

（b）左右翻转

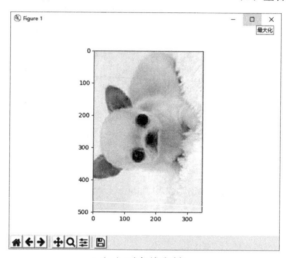

（c）对角线翻转

图 2.19　图像的翻转

　　在训练图像识别的神经网络时，可以随机地翻转训练图像，这样训练得到的模型可以识别不同角度的实体。因此随机翻转训练图像是一种零成本且很常用的图像预处理方式。TensorFlow 提供了方便的 API 完成图像随机翻转的过程。以下代码实现了这个过程。

```
with tf.Session() as sess:
    # 以一定概率上下翻转图像
    flipped = tf.image.random_flip_up_down(img_data)
    plt.imshow(flipped.eval())
    plt.show()
```

```
# 以一定概率左右翻转图像
flipped = tf.image.random_flip_left_right(img_data)
plt.imshow(flipped.eval())
plt.show()
```

程序运行结果如图 2.20 所示。

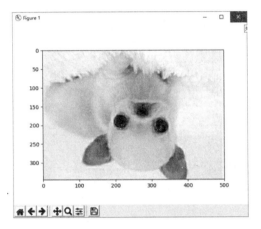
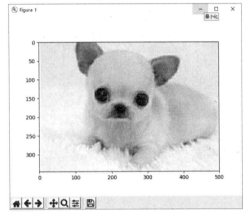

（a）以一定概率上下翻转　　　　　　　（b）以一定概率左右翻转

图 2.20　图像的随机翻转

（4）调整图像色彩。

调整图像色彩包括调整图像的亮度、对比度、饱和度和色相。在很多图像识别应用中，和图像翻转类似，图像色彩的调整都不会影响识别结果。所以在训练神经网络模型时，可以随机调整训练图像的这些属性，从而使训练得到的模型尽可能少地受到无关因素的影响。以下代码可以完成调整图像亮度的功能。

```
with tf.Session() as sess:
    # 将图像的亮度 -0.5
    adjusted = tf.image.adjust_brightness(img_data, -0.5)
    plt.imshow(adjusted.eval())
    plt.show()
    # 将图像的亮度 +0.5
    adjusted = tf.image.adjust_brightness(img_data, 0.5)
    plt.imshow(adjusted.eval())
    plt.show()
    # 在[-max_delta, max_delta)的范围内随机调整图像的亮度
    adjusted = tf.image.random_brightness(img_data, max_delta=0.5)
    plt.imshow(adjusted.eval())
    plt.show()
```

程序运行结果如图 2.21 所示。

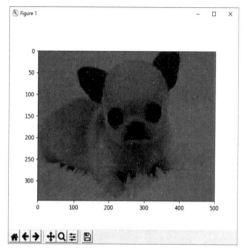

（a）图像的亮度-0.5

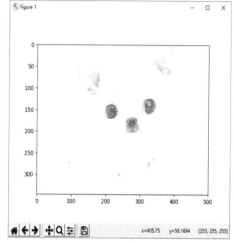

（b）图像的亮度+0.5

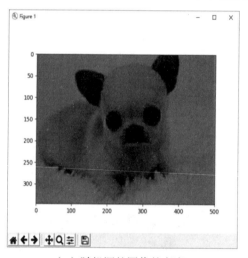

（c）随机调整图像的亮度

图 2.21　调整图像的亮度

使用以下代码实现调整图像对比度的功能。

```
with tf.Session() as sess:
    # 将图像的对比度 -5
    adjusted = tf.image.adjust_contrast(img_data, -5)
    plt.imshow(adjusted.eval())
    plt.show()
    # 将图像的对比度 +5
    adjusted = tf.image.adjust_contrast(img_data, 5)
```

```
plt.imshow(adjusted.eval())
plt.show()
# 在[lower, upper]的范围内随机调整图像的对比度
lower = 10
upper = 100
adjusted = tf.image.random_contrast(img_data, lower, upper)
plt.imshow(adjusted.eval())
plt.show()
```

程序运行结果如图 2.22 所示。

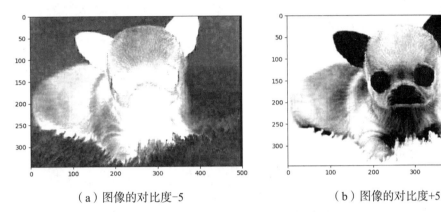

（a）图像的对比度-5　　　　　（b）图像的对比度+5

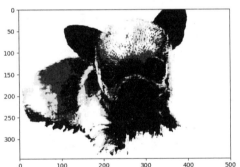

（c）随机调整图像的对比度

图 2.22　调整图像的对比度

通过以下代码可以调整图像的色相。

```
with tf.Session() as sess:
    '''调整色相'''
    adjusted = tf.image.adjust_hue(img_data, 0.2)
    plt.imshow(adjusted.eval())
    plt.show()
    adjusted = tf.image.adjust_hue(img_data, 0.4)
```

```
    plt.imshow(adjusted.eval())
    plt.show()
    adjusted = tf.image.adjust_hue(img_data, 0.7)
    plt.imshow(adjusted.eval())
    plt.show()
    adjusted = tf.image.adjust_hue(img_data, 0.9)
    plt.imshow(adjusted.eval())
    plt.show()
    # 在[-max_delta, max_delta]的范围内随机调整图像的色相, max_delta 的取值在
[0, 0.5]
    adjusted = tf.image.random_hue(img_data, 0.5)
    plt.imshow(adjusted.eval())
    plt.show()
```

程序运行结果如图 2.23 所示。

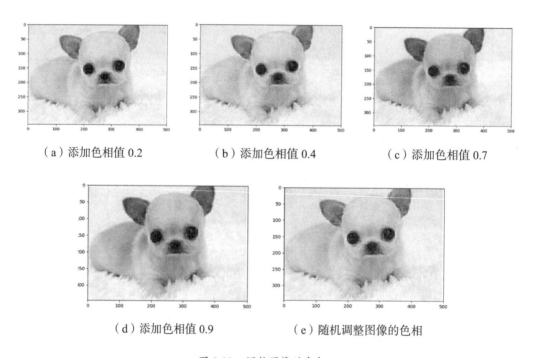

（a）添加色相值 0.2　　　　　（b）添加色相值 0.4　　　　　（c）添加色相值 0.7

（d）添加色相值 0.9　　　　　（e）随机调整图像的色相

图 2.23　调整图像的色相

使用以下代码可以调整图像的饱和度。

```
with tf.Session() as sess:
    # 将图像的饱和度-10
    adjusted = tf.image.adjust_saturation(img_data, -10)
    plt.imshow(adjusted.eval())
```

```
plt.show()
# 将图像的饱和度+10
adjusted = tf.image.adjust_saturation(img_data, 10)
plt.imshow(adjusted.eval())
plt.show()
```

程序运行结果如图 2.24 所示。

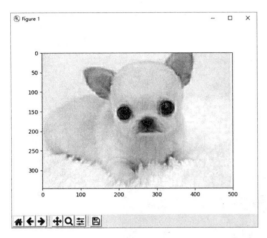

（a）图像的饱和度-10　　　　　　　　　（b）图像的饱和度+10

图 2.24　调整图像的饱和度

（5）图像的标准化处理

标准化处理可以使得不同的特征具有相同的尺度。这样，在使用梯度下降法学习参数的时候，不同特征对参数的影响程度就一样了。

tf.image.per_image_standardization（image）函数的运算过程是将整幅图像标准化（不是归一化），加速神经网络的训练。图像的标准化处理主要有如下操作。

(x-mean)/adjusted_stddev，其中 x 为图片的 RGB 三通道的像素值，mean 分别为三通道像素的均值，adjusted_stddev=max(stddev,1.0/sqrt(image.NumElements()))。

stddev 为三通道像素的标准差，image.NumElements() 计算的是三通道各自的像素个数。

图像的标准化处理代码如下。

```
with tf.Session() as sess:
    # 将代表一张图片的三维矩阵中的数字均值变为 0，方差变为 1。
    image = img.imread('E:/dog.jpg')
```

```
adjusted = tf.image.per_image_standardization(image)
dog= np.asarray(adjusted.eval(), dtype='uint8')
plt.imshow(dog)  # imshow 仅支持 uint8 格式
plt.show()
```

程序运行结果如图 2.25 所示。

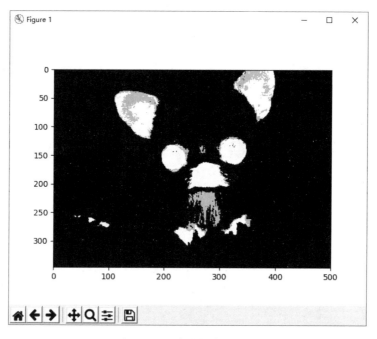

图 2.25　图像的标准化处理

（6）使用 TensorFlow 标注框标注目标。

在很多图像识别数据集中，图像中需要关注的物体通常会被标注框圈出来。使用 tf.image.draw_bounding_boxes 函数便可以实现。对图像添加标注框代码如下。

```
with tf.Session() as sess:
    # 将图像缩小一些，这样可视化能够让标注框更加清晰
    img_data = tf.image.resize_images(img_data, [180, 267], method= 1)
    # tf.image.draw_bounding_boxes 函数要求图像矩阵中的数字为实数类型
    #tf.image.draw_bounding_boxes 函数的输入是一个 batch 的数据，也就是多张图
像组成的四维矩阵，所以需要将解码后的图像增加一维
    batched = tf.expand_dims(tf.image.convert_image_dtype(img_data,
tf.float32), 0)
```

```
    # 给出每张图像的所有标注框。一个标注框有四个数字，分别代表 [y_min, x_min, y_max,
x_max]

    #注意这里给出的数字都是图像的相对位置。比如在 180×267 的图像中,[0.35, 0.47,
0.5, 0.56] 代表了从 (63, 125) 到 (90, 150)的图像
    boxes = tf.constant([[[0.3, 0.4, 0.7, 0.7], [0.5, 0.5, 0.6, 0.6]]])
    result = tf.image.draw_bounding_boxes(batched, boxes)
    plt.imshow(result[0].eval())
    plt.show()
```

程序运行结果如图 2.26 所示。

图 2.26　使用标注框标注目标

三、练习

（1）定义两个四维数据并求矩阵的和、积。

（2）使用 TensorFlow 载入两张图像，求这两张图像的和并显示结果。

实验 2.3　搭建简单的神经网络

一、实验目的

● 学习神经网络的基本结构、表达方式。
● 学习训练神经网络的基本方法。
● 编程实现神经网络。

二、实验内容

【实验任务】

● 搭建神经网络。
● 训练神经网络。
● 使用随机数据进行训练。
● 使用文件数据进行训练。

【实验指导】

假设一个学校的两名学生德育、智育、体育三项的分数和总分分别如下。

学生 1：三项分数分别为 90、80、70，总分 85

学生 2：三项分数分别为 98、95、87，总分 96

构建神经网络求得该学校的三好学生总分计算规则，如下式。

$$总分=德育分×60\%+智育分×30\%+体育分×10\%$$

已知：学校是以德育、智育和体育三项分数的总分来确定三好学生的；计算总分时，三项分数应该有各自的权重系数；各个学生的三项分数都已经知道，总分也已经知道。

未知：三项分数各自乘以的权重系数是未知的。

问题演变成求解方程式 $w_1x+w_2y+w_3z=A$ 中的三个 w，即权重。

其中，x、y、z、A 分别代表两位学生的德育分、智育分、体育分和总分。

$$90×w_1 + 80×w_2 + 70×w_3 = 85$$

$$98×w_1 + 95×w_2 + 87×w_3 = 96$$

通过两个方程式解三个未知数无法求解，使用图 2.27 所示的神经网络来表示求解该问题的过程。

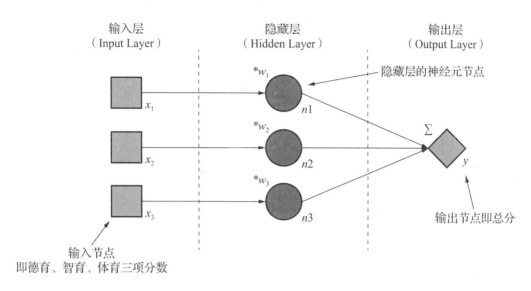

图 2.27　神经网络示意图

神经网络的代码如下。

```
import tensorflow as tf
#定义 x1, x2, x3 三个占位符（placeholder），作为神经网络的输入节点，来准备分别接收
德育、智育、体育三项分数作为神经网络的输入
x1 = tf.placeholder(dtype=tf.float32)
x2 = tf.placeholder(dtype=tf.float32)
x3 = tf.placeholder(dtype=tf.float32)
 #定义 w1, w2, w3 三个可变参数（variable，为了与编程中的变量区分）
w1 = tf.Variable(0.1, dtype=tf.float32)
w2 = tf.Variable(0.1, dtype=tf.float32)
w3 = tf.Variable(0.1, dtype=tf.float32)
 #定义三个隐藏层节点 n1,n2,n3，实际上是它们的计算公式
n1 = x1 * w1
n2 = x2 * w2
n3 = x3 * w3
 #定义输出层节点 y，也就是总分的计算公式
y = n1 + n2 + n3
 #定义神经网络的会话对象，并初始化所有的可变参数
sess = tf.Session()
 init = tf.global_variables_initializer()
sess.run(init)
 #将三项分数送入神经网络来运行该神经网络并获得该神经网络输出的节点值 y
result = sess.run([x1, x2, x3, w1, w2, w3, y], feed_dict={x1: 90, x2: 80,
x3: 70})
print(result)
```

程序运行结果如图 2.28 所示。

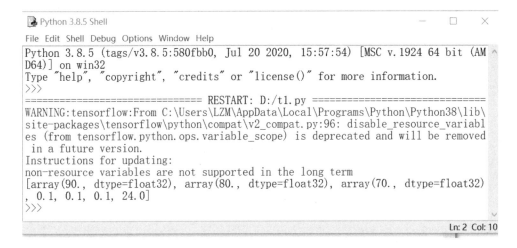

图 2.28 运行结果

　　根据随意设置的可变参数初始值计算出的输出结果显然是不正确的，神经网络在投入使用前，都要经过训练的过程才能有准确的输出。训练流程如图 2.29 所示。

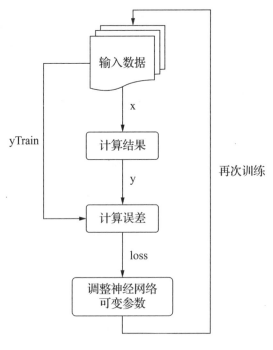

图 2.29 训练流程

调整神经网络的参数是需要大量数据的，神经网络训练时一定要有训练数据。有监督学习中，训练数据中的每一条都由一组输入值和一个目标值组成，目标值就是根据这一组输入数值应该得到的"标准答案"。一般来说，训练数据越多，离散性（覆盖面）越强。在上面的代码中给神经网络增加一个输入项——目标值 yTrain，用来表示正确的总分结果，代码如下。

```
yTrain = tf.placeholder(dtype=tf.float32)
```

增加误差函数 loss、优化器 optimizer 和训练对象 train，代码如下。

```
loss = tf.abs(y - yTrain)
optimizer = tf.train.RMSPropOptimizer(0.001)
train = optimizer.minimize(loss)
```

暂时使用 RMSProp 优化器，其中参数 0.001 是学习率，在程序中改变学习率观察结果。

误差函数又称损失函数，用于让神经网络来判断当前网络的计算结果与目标值（也就是标准答案）相差多少。

训练对象是被神经网络用于控制训练的方式，常见的训练方式是设法使误差函数的计算值越来越小，代码如下。

```
result = sess.run([train, x1, x2, x3, w1, w2, w3, y, yTrain, loss],
feed_dict={x1: 90, x2: 80, x3: 70, yTrain: 85})
  print(result)
  result = sess.run([train, x1, x2, x3, w1, w2, w3, y, yTrain, loss],
feed_dict={x1: 98, x2: 95, x3: 87, yTrain: 96})
  print(result)
```

注意 feed_dict 参数的格式和数据的含义。训练两次并查看输出结果，注意与前面的区别，训练时要在 sess.run 函数中加上 train 这个训练对象。训练两次的输出结果如图 2.30 所示。

```
[None, array(90., dtype=float32), array(80., dtype=float32),
array(70., dtype=float32), 0.10316052, 0.10316006, 0.103159375, 24.0, array(85., dtype=float32), 61.0]
[None, array(98., dtype=float32), array(95., dtype=float32),
array(87., dtype=float32), 0.10554425, 0.10563005, 0.1056722, 28.884804, array(96., dtype=float32), 67.1152]
>>>
```

图 2.30 训练两次的输出结果

观察结果发现，w_1、w_2、w_3 和计算结果 y 已经开始有了变化。下面进行多次循环训练，在此循环 5000 次，每次两轮，代码如下。

```
for i in range(5000):
```

```
    result = sess.run([train, x1, x2, x3, w1, w2, w3, y, yTrain, loss],
feed_dict={x1: 90, x2: 80, x3: 70, yTrain: 85})
    print(result)
    result = sess.run([train, x1, x2, x3, w1, w2, w3, y, yTrain, loss],
feed_dict={x1: 98, x2: 95, x3: 87, yTrain: 96})
    print(result)
```

程序运行结果如图 2.31 所示。

```
[None, array(90., dtype=float32), array(80., dtype=float32), array(70., dtype=float32),
0.58388305, 0.28717414, 0.1325421, 85.02325, array(85., dtype=float32), 0.023246765]
[None, array(98., dtype=float32), array(95., dtype=float32), array(87., dtype=float32),
0.5828438, 0.2860972, 0.13144642, 96.03325, array(96., dtype=float32), 0.0332489]
[None, array(90., dtype=float32), array(80., dtype=float32), array(70., dtype=float32),
0.5838025, 0.28701225, 0.132338, 84.54497, array(85., dtype=float32), 0.45503235]
[None, array(98., dtype=float32), array(95., dtype=float32), array(87., dtype=float32),
0.5848418, 0.2880892, 0.13343368, 95.99221, array(96., dtype=float32), 0.007789612]
[None, array(90., dtype=float32), array(80., dtype=float32), array(70., dtype=float32),
0.58388305, 0.28717414, 0.1325421, 85.02325, array(85., dtype=float32), 0.023246765]
[None, array(98., dtype=float32), array(95., dtype=float32), array(87., dtype=float32),
0.5828438, 0.2860972, 0.13144642, 96.03325, array(96., dtype=float32), 0.0332489]
[None, array(90., dtype=float32), array(80., dtype=float32), array(70., dtype=float32),
0.5838025, 0.28701225, 0.132338, 84.54497, array(85., dtype=float32), 0.45503235]
[None, array(98., dtype=float32), array(95., dtype=float32), array(87., dtype=float32),
0.5848418, 0.2880892, 0.13343368, 95.99221, array(96., dtype=float32), 0.007789612]
[None, array(90., dtype=float32), array(80., dtype=float32), array(70., dtype=float32),
0.58388305, 0.28717414, 0.1325421, 85.02325, array(85., dtype=float32), 0.023246765]
[None, array(98., dtype=float32), array(95., dtype=float32), array(87., dtype=float32),
0.5828438, 0.2860972, 0.13144642, 96.03325, array(96., dtype=float32), 0.0332489]
>>>
```

图 2.31　训练 5000 次的输出结果

观察结果发现，w_1、w_2、w_3 已经非常接近预期值 0.6、0.3、0.1，y 也非常接近目标值。完整的代码如下。

```
import tensorflow as tf
x=tf.placeholder(shape=[3],dtype=tf.float32)
w = tf.Variable(tf.zeros([3]), dtype=tf.float32)
yTrain = tf.placeholder(shape=[],dtype=tf.float32)
n = x * w
y = tf.reduce_sum(n)
loss = tf.abs(y - yTrain)
optimizer = tf.train.RMSPropOptimizer(0.001)
train = optimizer.minimize(loss)
sess = tf.Session()
init = tf.global_variables_initializer()
sess.run(init)
```

```
for i in range(5000):
    result = sess.run([train,x, w, y, yTrain, loss], feed_dict={x:[90,
80,70], yTrain:85})
    print(result)
    result = sess.run([train,x, w, y, yTrain, loss], feed_dict={x:[98,
95,87], yTrain:96})
    print(result)
```

这里把原来的三个输入节点的变量 x_1、x_2、x_3，代码如下。

```
x1 = tf.placeholder(dtype=tf.float32)
x2 = tf.placeholder(dtype=tf.float32)
x3 = tf.placeholder(dtype=tf.float32)
```

改成了一个三维的向量存入变量 x，代码如下。

```
x=tf.placeholder(shape=[3],dtype=tf.float32)
```

shape 表示变量 x 是一个有三个数字的数组，也就是一个三维向量。同理 w_1、w_2、w_3 被压缩成了一个三维向量 w，初值为 tf.zeros([3]) 即数组[0，0，0]。程序运行时发现运行时间较长，效率明显较低，收敛速度慢。观察到 w_1、w_2、w_3 的初值为 0.1，0.1，0.1，显然与实际不相符，w_1、w_2、w_3 三个权重之和为 1。这里引入一个 softmax 函数，它的作用是将一个向量规范化为一个所有数值相加和为 1 的新向量。代码如下。

```
w = tf.Variable(tf.zeros([3]), dtype=tf.float32)
wn = tf.nn.softmax(w)
n = x * wn
y = tf.reduce_sum(n)
```

这时循环两次训练，观察结果如图 2.32 所示，可以得出通过 softmax 函数运算后，如果再用相同的学习率和循环次数来训练，会发现达到相同误差率所需的训练次数明显减少。

```
[None, array([90., 80., 70.], dtype=float32), array([ 0.33505023,  0.1       , -0.13505024], dtype=float32), 80.0, array(85., dtype=float32), 5.0]
[None, array([98., 95., 87.], dtype=float32), array([ 0.4454311 ,  0.12996648, -0.2614752 ], dtype=float32), 94.17221, array(96., dtype=float32), 1.8277893]
[None, array([90., 80., 70.], dtype=float32), array([ 0.6439386 ,  0.04585116, -0.42787847], dtype=float32), 82.28035, array(85., dtype=float32), 2.7196503]
[None, array([98., 95., 87.], dtype=float32), array([ 0.7314999 ,  0.04110524, -0.5186743 ], dtype=float32), 95.13787, array(96., dtype=float32), 0.8621292]
>>>
```

图 2.32　使用 softmax 函数训练的结果

我们把问题进一步非线性化，学生的三项成绩已知，总分未知，仅知道是否评选上三好学生的结果。计算总分的规则不变。

总分=德育分×w_1+智育分×w_2+体育分×w_3

评选三好学生的标准是总分≥95，可以看出这是一个典型的二分类问题，用图 2.33 所示的神经网络简述二分类问题。从图 2.34 可以看出，当总分达到 95 之后，y 值有一个跳变，因此总分跳变曲线并非线性的（不是一条直线）。

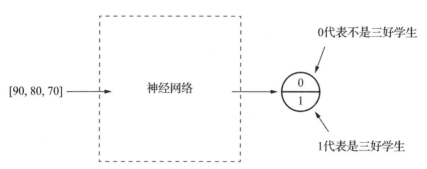

图 2.33　简化的神经网络

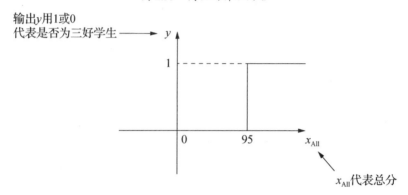

图 2.34　总分跳变

这里引入激活函数，激活函数是神经网络中主要用于去线性化的函数，sigmoid 函数是常用的激活函数之一。我们使用下式把参数转换成 0~1 之间的小数。

$$\text{sigmoid}(x) = \frac{1}{1+e^{-x}}$$

为了解决三好学生评选结果问题，构建新的神经网络模型如图 2.35 所示，这个模型与线性模型相比多了一个隐藏层。

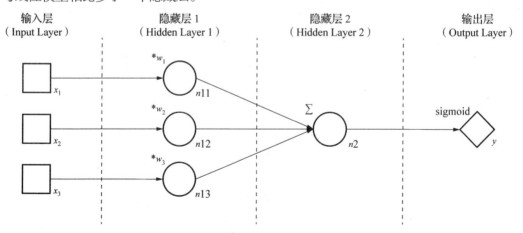

图 2.35　新的神经网络模型

注意，在输出结果 *y* 前使用 sigmoid 函数使其保证取值在 0 ~ 1 之间，达到非线性化效果。

实现该网络模型的代码如下。

```
import tensorflow as tf
  x = tf.placeholder(dtype=tf.float32)
  yTrain = tf.placeholder(dtype=tf.float32)
  w = tf.Variable(tf.zeros([3]), dtype=tf.float32)
  n1 = w * x
  n2 = tf.reduce_sum(n1)
  y = tf.nn.sigmoid(n2)
```

输出层节点 *y* 调用了 **tf.nn.sigmoid()** 函数，它是 TensorFlow 中 *nn* 子类包中提供的 sigmoid 函数。

在以上的神经网络模型训练时，我们使用的是两名学生德育、智育、体育三项分数和总分作为训练数据。现在我们不再使用固定的数据，尝试使用随机产生的训练数据来进行训练。在 Python 中产生随机数的代码如下。

```
import random
  random.seed()
  xData = [int(random.random() * 101), int(random.random() * 101),
int(random.random() * 101)]
  xAll = xData[0] * 0.6 + xData[1] * 0.3 + xData[2] * 0.1
  if xAll >= 95:
    yTrainData = 1
  else:
    yTrainData = 0
  print("xData: %s" % xData)
  print("yTrainData: %s" % yTrainData)
```

这里解释一下，准备训练数据的时候使用了学校规则，在以后训练神经网络模型的时候，我们只会把这些数据本身送入神经网络去训练，神经网络不会预知我们的规则。另外，我们用随机方法来获得的这些数据，与真实学生的数据并没有什么本质区别，因为两者都是用同样的规则产生的，理论上收集大量学生数据送进神经网络和用随机的方法获得数据送进神经网络进行训，练神经网络学习到的分类特征是一样的。Python 中的 random 包提供了一个函数 random，它的作用是在调用后产生一个[0, 1)范围的随机小数。随机产生训练数据的运行结果如图 2.36 所示。

```
xData: [8, 78, 38]
yTrainData: 0
>>>
```

图 2.36　随机产生的训练数据

　　由图 2.36 可以发现，该数据在理论上没问题，但是现实生活中如果一名学生的三项分数是 8、78、38，那他的评选结果一定是 0（代表"否"，即不是三好学生）。因为这样的分数太不正常，第一项的分数不可能这么低。下面使用 int(random.random() * 41 + 60) 产生一个范围在[60,100)之间的分数，优化数据的代码如下。

```
import random
  random.seed()
  xData = [int(random.random() * 41 + 60), int(random.random() * 41 + 60),
int(random.random() * 41 + 60)]
  xAll = xData[0] * 0.6 + xData[1] * 0.3 + xData[2] * 0.1
  if xAll >= 95:
    yTrainData = 1
  else:
    yTrainData = 0
  print("xData: %s" % xData)
print("yTrainData: %s" % yTrainData)
```

程序运行结果如图 2.37 所示。

```
xData: [62, 83, 83]
yTrainData: 0
>>>
```

图 2.37　优化的随机训练数据

　　即使这样，产生的数据落入"是三好学生"范围的情况还是太少，不利于后面对神经网络的训练，神经网络还是需要有一些不同类型结果的数据来进行训练的。因此，我们使用下面的方法来更大概率地产生一些符合三好学生条件的数据，如产生[93,100)的分数，代码如下。

```
xData = [int(random.random() * 8 +93), int(random.random() * 8 + 93),
int(random.random() * 8 + 93)]
```

　　有了训练数据，下面编写完整的神经网络训练代码，代码如下。

```
import tensorflow as tf
import random
random.seed()
x = tf.placeholder(dtype=tf.float32)
yTrain = tf.placeholder(dtype=tf.float32)
w = tf.Variable(tf.zeros([3]), dtype=tf.float32)
wn = tf.nn.softmax(w)
n1 = wn * x
n2 = tf.reduce_sum(n1)
y = tf.nn.sigmoid(n2)
loss = tf.abs(yTrain - y)
```

```
optimizer = tf.train.RMSPropOptimizer(0.1)
train = optimizer.minimize(loss)
sess = tf.Session()
sess.run(tf.global_variables_initializer())
for i in range(5):
    xData = [int(random.random() * 8 + 93), int(random.random() * 8 + 93),
int(random.random() * 8 + 93)]
    xAll = xData[0] * 0.6 + xData[1] * 0.3 + xData[2] * 0.1
    if xAll >= 95:
        yTrainData = 1
    else:
        yTrainData = 0
    result = sess.run([train, x, yTrain, wn, n2, y, loss], feed_dict={x:
xData, yTrain: yTrainData})
    print(result)
    xData = [int(random.random() * 41 + 60), int(random.random() * 41 +
60), int(random.random() * 41 + 60)]
    xAll = xData[0] * 0.6 + xData[1] * 0.3 + xData[2] * 0.1
    if xAll >= 95:
        yTrainData = 1
    else:
        yTrainData = 0
    result = sess.run([train, x, yTrain, wn, n2, y, loss], feed_dict={x:
xData, yTrain: yTrainData})
    print(result)
```

上述代码中使用随机产生的训练数据作为 x 和 yTrain 的输入,可变参数使用 softmax 函数处理,使得 w 向量所有数据相加为 1,代码一共循环执行五轮,每轮执行两次训练,第一次训练使用的是三好学生概率大一些的随机分数,第二次训练使用的是一般随机分数。程序运行结果如图 2.38 所示。

```
[None, array([ 98., 100., 96.], dtype=float32), array(1., dtype=float32), array
([0.33333334, 0.33333334, 0.33333334], dtype=float32), 98.0, 1.0, 0.0]
[None, array([86., 86., 96.], dtype=float32), array(0., dtype=float32), array([0
.33333334, 0.33333334, 0.33333334], dtype=float32), 89.333336, 1.0, 1.0]
[None, array([ 96., 96., 100.], dtype=float32), array(1., dtype=float32), array
([0.33333334, 0.33333334, 0.33333334], dtype=float32), 97.333336, 1.0, 0.0]
[None, array([93., 76., 74.], dtype=float32), array(0., dtype=float32), array([0
.33333334, 0.33333334, 0.33333334], dtype=float32), 81.0, 1.0, 1.0]
[None, array([97., 96., 93.], dtype=float32), array(1., dtype=float32), array([0
.33333334, 0.33333334, 0.33333334], dtype=float32), 95.333336, 1.0, 0.0]
[None, array([87., 70., 69.], dtype=float32), array(0., dtype=float32), array([0
.33333334, 0.33333334, 0.33333334], dtype=float32), 75.333336, 1.0, 1.0]
[None, array([ 94., 93., 100.], dtype=float32), array(0., dtype=float32), array
([0.33333334, 0.33333334, 0.33333334], dtype=float32), 95.66667, 1.0, 1.0]
[None, array([72., 66., 86.], dtype=float32), array(0., dtype=float32), array([0
.33333334, 0.33333334, 0.33333334], dtype=float32), 74.66667, 1.0, 1.0]
[None, array([95., 95., 93.], dtype=float32), array(0., dtype=float32), array([0
.33333334, 0.33333334, 0.33333334], dtype=float32), 94.333336, 1.0, 1.0]
[None, array([78., 62., 60.], dtype=float32), array(0., dtype=float32), array([0
.33333334, 0.33333334, 0.33333334], dtype=float32), 66.66667, 1.0, 1.0]
>>>
```

图 2.38　运行结果

观察训练结果发现，误差调整得不明显，总是 0 或 1，可变参数 w 也没有任何变化，结果没有朝着我们预期的方向调整。这是什么原因呢？通过查看图 2.35 所示的神经网络模型发现，最后输出也是通过对 $n2$ 总分使用 sigmoid 函数进行处理得出的，而误差 loss 是 y 与目标值 yTrain 之间的差。从结果可以看出，所有 y 的值都是 1，优化器在调整可变参数 w 时是"感受"不到调整带来的变化的，所以无法进行合理的调整。如何解决这一问题呢？我们观察 sigmoid 函数发现，只有在[-5，5]区间时曲线才会有比较剧烈的变化，在其他范围都会趋于 0 或者 1，而总分 $n2$ 值一般在 70～100 之间，sigmoid 对 $n2$ 操作后只能是 1，显然不行，为了解决这一问题，我们设法让 $n2$ 落在-5～5 之间，使用增加可变参数 b，让 $n2$ 在计算总分的基础上再减去 b 的值，目的是让 $n2$ 向[-5，5]区间靠拢。引入参数 b 后，我们假设预估 b 的初值为 80，代码如下。

```
import tensorflow as tf
import random
random.seed()
x = tf.placeholder(dtype=tf.float32)
yTrain = tf.placeholder(dtype=tf.float32)
w = tf.Variable(tf.zeros([3]), dtype=tf.float32)
b = tf.Variable(80, dtype=tf.float32)
wn = tf.nn.softmax(w)
n1 = wn * x
n2 = tf.reduce_sum(n1) - b
y = tf.nn.sigmoid(n2)
loss = tf.abs(yTrain - y)
optimizer = tf.train.RMSPropOptimizer(0.1)
train = optimizer.minimize(loss)
sess = tf.Session()
sess.run(tf.global_variables_initializer())
for i in range(5):
    xData = [int(random.random() * 8 + 93), int(random.random() * 8 + 93),
int(random.random() * 8 + 93)]
    xAll = xData[0] * 0.6 + xData[1] * 0.3 + xData[2] * 0.1
    if xAll >= 95:
        yTrainData = 1
    else:
        yTrainData = 0
    result = sess.run([train, x, yTrain, wn, b, n2, y, loss], feed_dict={x:
xData, yTrain: yTrainData})
    print(result)
    xData = [int(random.random() * 41 + 60), int(random.random() * 41 +
60), int(random.random() * 41 + 60)]
    xAll = xData[0] * 0.6 + xData[1] * 0.3 + xData[2] * 0.1
    if xAll >= 95:
        yTrainData = 1
```

```
    else:
        yTrainData = 0
    result = sess.run([train, x, yTrain, wn, b, n2, y, loss], feed_dict={x:
xData, yTrain: yTrainData})
    print(result)
```

程序运行结果如图 2.39 所示。

```
[None, array([100.,   99.,   96.], dtype=float32), array(1., dtype=float32), array([0
.33333334, 0.33333334, 0.33333334], dtype=float32), 80.0, 18.333336, 1.0, 0.0]
[None, array([87., 64., 95.], dtype=float32), array(0., dtype=float32), array([0.33
333334, 0.33333334, 0.33333334], dtype=float32), 80.01166, 2.0, 0.880797, 0.880797]
[None, array([97., 96., 99.], dtype=float32), array(1., dtype=float32), array([0.32
662  , 0.35657537, 0.31680465], dtype=float32), 80.01166, 17.26538, 1.0, 0.0]
[None, array([100.,   63.,   72.], dtype=float32), array(0., dtype=float32), array([0
.32662  , 0.35657537, 0.31680465], dtype=float32), 80.02387, -2.07547, 0.11150397,
0.11150397]
[None, array([99., 94., 97.], dtype=float32), array(1., dtype=float32), array([0.29
898378, 0.3781335 , 0.3228828 ], dtype=float32), 80.02387, 16.439705, 0.9999999, 1.
1920929e-07]
[None, array([72., 78., 88.], dtype=float32), array(0., dtype=float32), array([0.29
898378, 0.3781335 , 0.3228828 ], dtype=float32), 80.05516, -0.58893585, 0.35687906,
0.35687906]
[None, array([100.,   95.,   94.], dtype=float32), array(1., dtype=float32), array([0
.3190327 , 0.38400573, 0.2969616 ], dtype=float32), 80.05516, 16.24305, 0.9999999,
1.1920929e-07]
[None, array([68., 67., 81.], dtype=float32), array(0., dtype=float32), array([0.31
90327 , 0.38400573, 0.2969616 ], dtype=float32), 80.05519, -8.578659, 0.00018804164
, 0.00018804164]
[None, array([ 97., 100., 100.], dtype=float32), array(1., dtype=float32), array([0
.3190407 , 0.38402197, 0.2969373 ], dtype=float32), 80.05519, 18.987686, 1.0, 0.0]
[None, array([75., 92., 60.], dtype=float32), array(0., dtype=float32), array([0.31
90407 , 0.38402197, 0.2969373 ], dtype=float32), 80.06293, -2.9808807, 0.04829713,
0.04829713]
>>>
```

图 2.39　加入参数 b 后的训练结果

再次观察训练结果可以发现，参数 w 的值明显发生了变化，b 的值也有所变化，误差开始正常调整，表明训练过程已经进入正规，我们试图增加训练次数，如 500 次，观察训练结果如图 2.40 所示。

```
[None, array([99., 99., 94.], dtype=float32), array(1., dtype=float32), array([0
.51789325, 0.4267263 , 0.05538043], dtype=float32), 93.55548, 5.1616898, 0.99430
06, 0.005699396]
[None, array([95., 73., 85.], dtype=float32), array(0., dtype=float32), array([0
.5181312 , 0.42690513, 0.05496367], dtype=float32), 93.5557, -8.497032, 0.000204
0315, 0.0002040315]
[None, array([93., 96., 93.], dtype=float32), array(0., dtype=float32), array([0
.51789886, 0.42713568, 0.05496544], dtype=float32), 93.75442, 0.7257004, 0.67386
11, 0.6738611]
[None, array([64., 96., 72.], dtype=float32), array(0., dtype=float32), array([0
.5497236 , 0.39090493, 0.05937144], dtype=float32), 93.75442, -16.770493, 5.2079
59e-08, 5.207959e-08]
[None, array([93., 99., 93.], dtype=float32), array(0., dtype=float32), array([0
.54972374, 0.39090484, 0.05937143], dtype=float32), 93.883385, 1.5910187, 0.8307
594, 0.8307594]
[None, array([93., 64., 80.], dtype=float32), array(0., dtype=float32), array([0
.5897408, 0.3451321, 0.0651271], dtype=float32), 93.88339, -11.738869, 7.97757e-
06, 7.97757e-06]
>>>
```

图 2.40　500 次的训练结果

由图 2.40 可以发现，误差已经非常小了，所以输出使用了科学记数法，而且整个趋势是越来越小，这说明我们的神经网络模型设计和运行成功了。再看最后的 w 值，发现接近于预期值[0.6，0.3，0.1]，读者可以试着改变参数 b 的值进行训练，看看有什么样的结果。

以上我们使用随机数据进行训练，下面来看如何使用文本文件的数据进行神经网络训练。还是以评选三好学生为例。如图 2.41 所示，文本文件保存了训练数据。

图 2.41　文本文件保存的训练数据

注意，文本文件一定是以 UTF-8 的编码形式保存，数据间隔使用英文的逗号。我们将数据保存为 data.txt。

使用 NumPy 库中的 loadtxt 函数加载训练数据，代码如下。

```
>>> import numpy as np
>>> wholeData = np.loadtxt("data.txt", delimiter=",", dtype=np.float32)
>>> print(wholeData)
[[ 90.  80.  70.   0.]
 [ 98.  95.  87.   1.]
 [ 99.  99.  99.   1.]
 [ 80.  85.  90.   0.]]
```

非当前目录加载训练数据时，需要把文本文件的完整路径写上，如下面的语句。

```
wholeData = np.loadtxt("d:\ml\data.txt", delimiter=",",dtype=np.float32)
```

数据中往往包含中文字符，NumPy 库中的 loadtxt 函数对中文的支持不太好，可以使用另一个用于科学计算的第三方包 pandas 来处理这种较复杂的情况。安装 pandas 包类似安装 TensorFlow，使用命令 pip install pandas 安装即可。安装完可以使用下面的代码对 data.csv 进行读取。

```
import numpy as np
import pandas as pd
```

```
    fileData = pd.read_csv('data.csv', dtype=np.float32, header=None,
usecols=(1, 2, 3, 4))
    wholeData = fileData.as_matrix()
    print(wholeData)
```

下面来看如何读取数据，数据给神经网络。读取的数据是 data.txt 文件中的，代码如下。

```
import tensorflow as tf
import numpy as np
import pandas as pd
fileData = pd.read_csv('data.txt', dtype=np.float32, header=None)#读取
数据
wholeData = fileData.as_matrix() #转换成二维数组保存在 wholeData 中
rowCount = int(wholeData.size / wholeData[0].size)#计算有多少条数据
goodCount = 0
for i in range(rowCount):
    if wholeData[i][0] * 0.6 + wholeData[i][1] * 0.3 + wholeData[i][2] *
0.1 >= 95:
        goodCount = goodCount + 1
print("wholeData=%s" % wholeData)
print("rowCount=%d" % rowCount)
print("goodCount=%d" % goodCount)
x = tf.placeholder(dtype=tf.float32)
yTrain = tf.placeholder(dtype=tf.float32)
w = tf.Variable(tf.zeros([3]), dtype=tf.float32)
b = tf.Variable(80, dtype=tf.float32)
wn = tf.nn.softmax(w)
n1 = wn * x
n2 = tf.reduce_sum(n1) - b
y = tf.nn.sigmoid(n2)
loss = tf.abs(yTrain - y)
optimizer = tf.train.RMSPropOptimizer(0.1)
train = optimizer.minimize(loss)
sess = tf.Session()
sess.run(tf.global_variables_initializer())
for i in range(2):
    for j in range(rowCount):
        result = sess.run([train, x, yTrain, wn, b, n2, y, loss],
feed_dict={x: wholeData[j][0:3], yTrain: wholeData[j][3]})
```

```
# wholeData[j][0:3]是获取 wholeData 中序号为 j 的一行数据中的前三个数，组成一个新
的向量输入给 x.
        print(result)
```

程序运行结果如图 2.42 所示。

```
wholeData=[[90. 80. 70.  0.]
 [98. 95. 87.  1.]
 [99. 99. 99.  1.]
 [80. 85. 90.  0.]]
rowCount=4
goodCount=2

[None, array([90., 80., 70.], dtype=float32), array(0., dtype=float32), array([0
.33333334, 0.33333334, 0.33333334], dtype=float32), 80.02626, 0.0, 0.5, 0.5]
[None, array([98., 95., 87.], dtype=float32), array(1., dtype=float32), array([0
.30555207, 0.33253884, 0.3619091 ], dtype=float32), 80.02626, 12.995125, 0.99999
774, 2.2649765e-06]
[None, array([99., 99., 99.], dtype=float32), array(1., dtype=float32), array([0
.3055522 , 0.33253887, 0.3619089 ], dtype=float32), 80.02626, 18.97374, 1.0, 0.0
]
[None, array([80., 85., 90.], dtype=float32), array(0., dtype=float32), array([0
.3055522 , 0.33253887, 0.3619089 ], dtype=float32), 80.02689, 5.2555237, 0.99480
85, 0.9948085]
[None, array([90., 80., 70.], dtype=float32), array(0., dtype=float32), array([0
.30587256, 0.33257753, 0.36154988], dtype=float32), 80.05657, -0.58367157, 0.358
0882, 0.3580882]
[None, array([98., 95., 87.], dtype=float32), array(1., dtype=float32), array([0
.27762243, 0.32822776, 0.39414987], dtype=float32), 80.05657, 12.6231, 0.9999966
6, 3.33786e-06]
[None, array([99., 99., 99.], dtype=float32), array(1., dtype=float32), array([0
.27762258, 0.32822785, 0.39414948], dtype=float32), 80.05657, 18.94342, 1.0, 0.0
]
[None, array([80., 85., 90.], dtype=float32), array(0., dtype=float32), array([0
.27762258, 0.32822785, 0.39414948], dtype=float32), 80.05717, 5.5260544, 0.99603
41, 0.9960341]
>>>
```

图 2.42　读取文本文件数据后的训练结果

实验 2.4　基于卷积神经网络的 MNIST 手写体识别

手写数字识别是常见的图像识别任务，计算机通过手写体图片来识别图片中的数字。与印刷字体不同的是，每个人的手写体风格迥异、大小不一，给计算机识别手写体带来很大困难。本实验应用深度学习并通过 TensorFlow 对 MNIST 手写数据集进行训练及建模。

一、实验目的

● 掌握 TensorFlow 计算基本流程。
● 熟悉构建网络的基本要素：数据集、网络模型构建、模型训练、模型验证。

二、实验内容

【实验任务】

● 对 MNIST 手写体数据集的操作。
● 使用 tf.nn.*模块搭建神经网络。
● 掌握卷积和池化操作函数 tf.nn.conv2d 和 tf.nn.max_pool 的使用方法。

【实验指导】

1. MNIST数据集

（1）MNIST 数据集来自美国国家标准与技术研究所（national institute of standards and technology，NIST)。

（2）MNIST 数据集由来自 250 个不同人手写的数字构成，其中 50%是学生，50% 是工作人员。

（3）MNIST 数据集可在 http://yann.lecun.com/exdb/mnist/[2022-03-01]获取，它包含 了四个部分。

① 训练集图片：train-images-idx3-ubyte.gz（9.9MB，解压后 47MB，包含 60000 个 样本）。

② 训练集标签：train-labels-idx1-ubyte.gz（29KB，解压后 60KB，包含 60000 个 标签）。

③ 测试集图片：t10k-images-idx3-ubyte.gz（1.6MB，解压后 7.8MB，包含 10000 个 样本）。

④ 测试集标签：t10k-labels-idx1-ubyte.gz（5KB，解压后 10KB，包含 10000 个 标签）。

（4）MNIST 是一个入门级的计算机视觉数据集，它包含各种手写数字图片，如 图 2.43 所示。

图 2.43　MNIST 手写数字图片

它也包含每一张图片对应的标签，告诉我们这个是数字几。例如，图 2.43 中的 4 个 手写数字对应的标签分别是 5、0、4、1。

从 TensorFlow 直接读取数据集，代码如下。

```
import os
import tensorflow as tf
from tensorflow import keras
from tensorflow.keras import layers, optimizers, datasets
from matplotlib import pyplot as plt
import numpy as np
(x_train_raw, y_train_raw), (x_test_raw, y_test_raw) = datasets.mnist.
load_data()
print(y_train_raw[0])
print(x_train_raw.shape, y_train_raw.shape)
print(x_test_raw.shape, y_test_raw.shape)
#将分类标签变为onehot编码
num_classes = 10
y_train = keras.utils.to_categorical(y_train_raw, num_classes)
y_test = keras.utils.to_categorical(y_test_raw, num_classes)
print(y_train[0])
```

运行代码输出如下结果。

```
5
(60000, 28, 28) (60000,)
(10000, 28, 28) (10000,)
[0. 0. 0. 0. 0. 1. 0. 0. 0. 0.]
```

本实验以 MNIST 手写体作为数据集，训练卷积神经网络，进行分类识别。在 TensorFlow 中，由 tf.nn.*模块提供搭建神经网络所需的基本功能，如池化、卷积、激活函数等。卷积神经网络（convolutional neural networks，CNN）所需的卷积和池化操作分别为 tf.nn.conv2d、tf.nn.max_pool。

在 MNIST 数据集中，images 是一个形状为[60000,28,28]的张量，第一个维度的数字用来索引图片，第二、三个维度的数字用来索引每张图片中的像素点。在此张量里的第二、三维度数字表示某张图片里的某个像素的强度值，介于 0～255 之间。

标签数据是 "one-hot vectors"，一个 one-hot 向量除了某一维数字是 1 之外，其余各维度数字都是 0，如标签 1 可以表示为([0,1,0,0,0,0,0,0,0,0])，因此，标签是一个[60000,10]的数字矩阵。

2. 数据集预处理及可视化

（1）可视化。

显示前 9 张图片，代码如下。

```
plt.figure()
for i in range(9):
```

```
plt.subplot(3,3,i+1)
plt.imshow(x_train_raw[i])
#plt.ylabel(y[i].numpy())
plt.axis('off')
plt.show()
```

程序运行结果如图 2.44 所示。

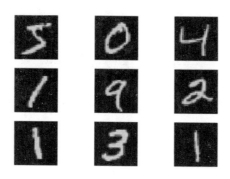

图 2.44 显示前 9 张数字图片

（2）数据处理。

因为我们构建的是全连接网络所以输出应该是向量的形式，而非现在图像的矩阵形式。因此需要把图像整理成向量的形式，代码如下。

```
#将 28×28 的图像展开成 784×1 的向量
x_train = x_train_raw.reshape(60000, 784)
x_test = x_test_raw.reshape(10000, 784)
```

现在图像像素点的动态范围为 0～255。处理图像像素值时，通常会把图像像素点归一化到 0～1 的范围内，代码如下。

```
#将图像像素值归一化
x_train = x_train.astype('float32')/255
x_test = x_test.astype('float32')/255
```

构建深度神经网络（deep neural networks，DNN）的代码如下。

```
# 创建模型，模型包括三个全连接层和两个 RELU 激活函数
model = keras.Sequential([
    layers.Dense(512, activation='relu', input_dim = 784),
    layers.Dense(256, activation='relu'),
    layers.Dense(124, activation='relu'),
layers.Dense(num_classes, activation='softmax')])
model.summary()
```

程序运行结果如图 2.45 所示。

```
Model: "sequential"

_____

Layer (type)                 Output Shape              Param #
==============================================================
dense (Dense)                (None, 512)               401920
_____

dense_1 (Dense)              (None, 256)               131328
_____

dense_2 (Dense)              (None, 124)               31868
_____

dense_3 (Dense)              (None, 10)                1250
==============================================================
Total params: 566,366
Trainable params: 566,366
Non-trainable params: 0
_____
```

图 2.45　程序运行结果

其中，layer.Dense()表示全连接层，参数 activation 表示使用的激活函数。
编译 DNN 模型代码如下。

```
Optimizer = optimizers.Adam(0.001)
model.compile(loss=keras.losses.categorical_crossentropy,
           optimizer=Optimizer,
           metrics=['accuracy'])
```

以上定义了模型的损失函数为"交叉熵"，优化算法为 Adam 梯度下降算法。
DNN 模型训练代码如下。

```
model.fit(x_train, y_train,batch_size=128,epochs=10,verbose=1)
# 使用 fit 方法使模型对训练数据拟合
```

程序运行结果如下。

```
Epoch 1/10
60000/60000 [==============================] - 7s 114us/sample - loss:
0.2281 - acc: 0.9327s - loss: 0.2594 - acc: 0. - ETA: 1s - loss: 0.2535 - acc:
0.9 - ETA: 1s - loss:
Epoch 2/10
60000/60000 [==============================] - 8s 129us/sample - loss:
0.0830 - acc: 0.9745s - loss: 0.0814 - ac
Epoch 3/10
60000/60000 [==============================] - 8s 127us/sample - loss:
0.0553 - acc: 0.9822
```

```
    Epoch 4/10
    60000/60000 [==============================] - 7s 117us/sample - loss:
0.0397 - acc: 0.9874s - los
    Epoch 5/10
    60000/60000 [==============================] - 8s 129us/sample - loss:
0.0286 - acc: 0.9914
    Epoch 6/10
    60000/60000 [==============================] - 8s 136us/sample - loss:
0.0252 - acc: 0.9919
    Epoch 7/10
    60000/60000 [==============================] - 8s 129us/sample - loss:
0.0204 - acc: 0.9931s - lo
    Epoch 8/10
    60000/60000 [==============================] - 8s 135us/sample - loss:
0.0194 - acc: 0.9938
    Epoch 9/10
    60000/60000 [==============================] - 7s 109us/sample - loss:
0.0162 - acc: 0.9948
    Epoch 10/10
    60000/60000 [==============================] - ETA: 0s - loss: 0.0149 -
acc: 0.994 - 7s 117us/sample - loss: 0.0148 - acc: 0.9948
```

其中，Epoch 表示批次，即将全部的数据迭代 10 次。

DNN 模型评估代码如下。

```
score = model.evaluate(x_test, y_test, verbose=0)
print('Test loss:', score[0])
print('Test accuracy:', score[1])
```

程序运行结果如下。

```
Test loss: 0.48341113169193267
Test accuracy: 0.8765
```

经过评估，模型准确率约为 0.88，训练迭代了 10 次。

保存模型代码如下。

```
model.save('./mnist_model/final_DNN_model.h5')
```

之前用传统方法构建 DNN，可以更清楚地了解内部的网络结构，但是代码量比较多，所以我们尝试用高级 API 构建网络，以简化构建网络的过程。

构建 CNN 的代码如下。

```
import tensorflow as tf
from tensorflow import keras
import numpy as np
model=keras.Sequential() # 创建网络序列
# 添加第一层卷积层和池化层
model.add(keras.layers.Conv2D(filters=32,kernel_size = 5,strides = (1,1),
padding = 'same',activation = tf.nn.relu,input_shape = (28,28,1)))
    model.add(keras.layers.MaxPool2D(pool_size=(2,2),  strides  =  (2,2),
padding = 'valid'))
    # 添加第二层卷积层和池化层
    model.add(keras.layers.Conv2D(filters=64,kernel_size  =  3,strides =
(1,1),padding = 'same',activation = tf.nn.relu))
    model.add(keras.layers.MaxPool2D(pool_size=(2,2),   strides  =  (2,2),
padding = 'valid'))
    # 添加 dropout 层,以减少过拟合
    model.add(keras.layers.Dropout(0.25))
    model.add(keras.layers.Flatten())
    # 添加两层全连接层
    model.add(keras.layers.Dense(units=128,activation = tf.nn.relu))
    model.add(keras.layers.Dropout(0.5))
    model.add(keras.layers.Dense(units=10,activation = tf.nn.softmax))
```

以上网络中,利用 keras.layers 添加了两层卷积层和池化层,之后又添加了 dropout 层,防止过拟合,最后添加了两层全连接层。

CNN 编译和训练代码如下。

```
# 将数据扩充维度,以适应 CNN 模型
X_train=x_train.reshape(60000,28,28,1)
X_test=x_test.reshape(10000,28,28,1)
model.compile(optimizer=tf.train.AdamOptimizer(),loss="categorical_cro
ssentropy",metrics=['accuracy'])
    model.fit(x=X_train,y=y_train,epochs=5,batch_size=128)
```

程序运行结果如下。

```
Epoch 1/5
55000/55000 [==============================] - 49s 899us/sample - loss:
0.2107 - acc: 0.9348
    Epoch 2/5
55000/55000 [==============================] - 48s 877us/sample - loss:
0.0793 - acc: 0.9763
```

```
Epoch 3/5
55000/55000 [==============================] - 52s 938us/sample - loss:
0.0617 - acc: 0.9815
Epoch 4/5
55000/55000 [==============================] - 48s 867us/sample - loss:
0.0501 - acc: 0.9846
Epoch 5/5
55000/55000 [==============================] - 50s 901us/sample - loss:
0.0452 - acc: 0.9862
<tensorflow.Python.keras.callbacks.History at 0x214bbf34ac8>
```

在上述训练中，网络训练数据只迭代了 5 次，可以再增加网络迭代的次数，读者可自行尝试查看效果如何。

CNN 模型验证代码如下。

```
test_loss,test_acc=model.evaluate(x=X_test,y=mnist.test.labels)
print("Test Accuracy %.2f"%test_acc)
```

程序运行结果如下。

```
10000/10000 [==============================] - 2s 185us/sample - loss:
0.0239 - acc: 0.9921
Test Accuracy 0.99
```

最终结果达到了 99%的准确率。

CNN 模型保存代码如下。

```
test_loss,test_acc=model.evaluate(x=X_test,y=y_test)
print("Test Accuracy %.2f"%test_acc)
```

程序运行结果如下。

```
10000/10000 [==============================] - 5s 489us/sample - loss:
0.0263 - acc: 0.9920s - loss: 0.0273 - ac
Test Accuracy 0.99
```

加载 CNN 保存模型代码如下。

```
from tensorflow.keras.models import load_model
new_model = load_model('./mnist_model/final_CNN_model.h5')
new_model.summary()
```

程序运行结果，如图 2.46 所示。

Layer (type)	Output Shape	Param #
conv2d (Conv2D)	(None, 28, 28, 32)	832
max_pooling2d (MaxPooling2D)	(None, 14, 14, 32)	0
conv2d_1 (Conv2D)	(None, 14, 14, 64)	18496
max_pooling2d_1 (MaxPooling2	(None, 7, 7, 64)	0
dropout (Dropout)	(None, 7, 7, 64)	0
flatten (Flatten)	(None, 3136)	0
dense_4 (Dense)	(None, 128)	401536
dropout_1 (Dropout)	(None, 128)	0
dense_5 (Dense)	(None, 10)	1290

```
Total params: 422,154
Trainable params: 422,154
Non-trainable params: 0
```

图 2.46　程序运行结果

将预测结果可视化的代码如下。

```
#测试集输出结果可视化
import matplotlib.pyplot as plt
%matplotlib inline
def res_Visual(n):
    final_opt_a=new_model.predict_classes(X_test[0:n])# 通过模型预测测试集
    fig, ax = plt.subplots(nrows=int(n/5),ncols=5 )
    ax = ax.flatten()
    print('前{}张图片的预测结果为: '.format(n))
    for i in range(n):
        print(final_opt_a[i],end=',')
        if int((i+1)%5) ==0:
            print('\t')
        #图片可视化展示
        img = X_test[i].reshape((28,28))#读取每行数据，格式为 Ndarry
        plt.axis("off")
        ax[i].imshow(img, cmap='Greys', interpolation='nearest')#可视化
        ax[i].axis("off")
```

```
    print('测试集前{}张图片为: '.format(n))
res_Visual(20)
```

程序运行结果如下。

前 20 张图片的预测结果为:
7,2,1,0,4,
1,4,9,5,9,
0,6,9,0,1,
5,9,7,3,4,

测试集前 20 张图片如图 2.47 所示。

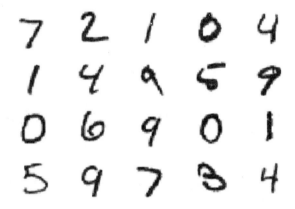

图 2.47　测试集前 20 张图片

实验 2.5　人脸识别实例

人脸识别是基于人体的面部特征进行身份信息识别的一种生物识别技术。通常情况下,通过使用摄像头或者其他视频采集设备可以采集到包含人脸的图像或视频流并进行进一步的检测工作,然后针对图像或视频流中的人脸信息进行自动跟踪和相应的一系列技术操作。

一、实验目的

- 掌握识别图像中的人脸的方法。
- 使用 Python 及第三方库实现识别图像中的人脸。
- 预测人脸。

二、实验内容

【实验任务】

- 安装所需的环境。
- 使用 Dlib 识别图像中的人脸。
- 使用 face_recognition 库实现识别图像中的人脸。
- 预测人脸。

【实验指导】

1. 安装所需的环境

Python 的 face_recognition 库封装了如何识别人脸所涉及的内容，即可以根据脸部特征生成特征向量并且知道如何区分不同的脸。face_recognition 库应用了 Dlib —— 一个现代 C++工具包，Dlib 库是一个机器学习的开源库，包含了机器学习的很多算法，使用起来很方便，直接包含头文件即可，并且不依赖于其他库（自带图像编解码库源码）。Dlib 可以通过创建很多复杂的机器学习方面的软件来解决实际问题。目前 Dlib 已经被广泛应用于行业和学术领域，包括机器人、嵌入式设备、移动电话和大型高性能计算环境。Dlib 是一个使用 C++语言编写的跨平台的通用库，遵守 Boost 软件许可证（Boost software license，BSL）。

Python 中的 face_recognition 库可以完成、发现给定图像中所有的人脸、发现并处理图像中的脸部特征、识别图像中的人脸、实时地进行人脸识别。本实验的任务是识别图像中的人脸。

安装 face_recognition 库前需要安装 Dlib 库，以下是安装 Dlib 库的过程。

（1）使用 pip install Cmake 命令安装 Cmake 库。

（2）使用 pip install boost 命令安装 Boost 库。

注意：如果前两步有安装失败的情况，可以在第三步完成后再安装步骤（1）和（2）中的库。

（3）下载 VS2019，如图 2.48 所示。

下载链接为 https://visualstudio.microsoft.com/zh-hans/downloads/。

这里选择社区版，在安装时主要选择 Python 开发和使用 C++的桌面开发，如图 2.49 所示，如果有其他需求可以自主选择。下载新版的 VS2019 无须复杂的方法进行配置。在 VS2019 下载并安装成功后进行第四步的操作。

（4）使用 cmd 命令打开系统命令提示符窗口，输入 pip install dlib 命令，Dlib 库安装完成界面如图 2.50 所示。

图 2.48　下载 VS2019

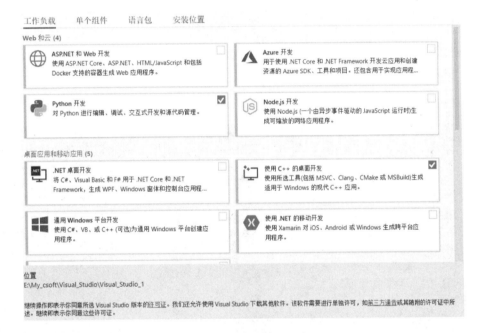

图 2.49　安装信息

图 2.50　Dlib 库安装完成界面

在 Python 的 IDLE 中输入"import dlib"命令，如果没有报错，说明 Dlib 库安装成功，如图 2.51 所示。

图 2.51　Dlib 库测试

识别图像中的人脸需要数字图像处理包。scikit-image 是基于 Scipy 库的一款图像处理包，它将图像作为 NumPy 数组进行处理，因此需要安装 NumPy 库和 Scipy 库，同时需要安装 Matplotlib 库对图像进行处理。

安装 scikit-image 库，打开命令提示符窗口，输入如下命令。

```
pip install scikit-image
```

安装过程如图 2.52 所示。

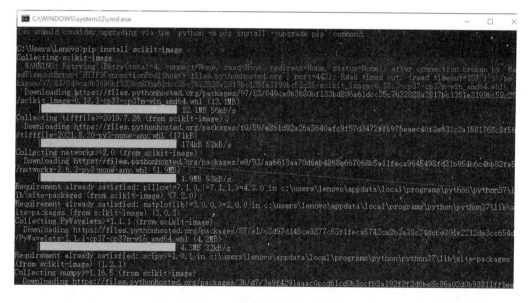

图 2.52　安装 scikit-image 库

scikit-image 库安装完毕即可进行下一步的操作。

2.　识别图像中的人脸

（1）使用 Dlib 库识别图像中的人脸，代码如下。

```
import cv2
import dlib
```

```
from skimage import io
 # 使用特征提取器 get_frontal_face_detector
detector = dlib.get_frontal_face_detector()
# dlib 的 68 点模型，使用训练好的特征预测器
predictor = dlib.shape_predictor("shape_predictor_68_face_landmarks.dat")
# 图像所在路径
img = io.imread("1.png")
# 生成 dlib 的图像窗口
win = dlib.image_window()
win.clear_overlay()
win.set_image(img)
# 特征提取器的实例化
dets = detector(img, 1)
print("人脸数: ", len(dets))
for k, d in enumerate(dets):
    print("第", k + 1, "个人脸 d 的坐标: ",
        "left:", d.left(),
        "right:", d.right(),
        "top:", d.top(),
        "bottom:", d.bottom())
    width = d.right() - d.left()
    heigth = d.bottom() - d.top()
    print('人脸面积为: ', (width * heigth))
    # 利用预测器预测
    shape = predictor(img, d)
    # 标出 68 个点的位置
    for i in range(68):
        cv2.circle(img, (shape.part(i).x, shape.part(i).y), 4, (0, 255, 0),
-1, 8)
        cv2.putText(img, str(i), (shape.part(i).x, shape.part(i).y),
cv2.FONT_HERSHEY_SIMPLEX, 0.5, (255, 255, 255))
    # 显示一下处理的图像，然后销毁窗口
    cv2.imshow('face', img)
    cv2.waitKey(0)
```

运行该程序，人脸识别结果如图 2.53 所示。

将原图换成只有一张人脸的图像进行检测，识别结果如图 2.54 所示。

人脸数: 3

第1个人脸d的坐标: left: 218 right: 373 top: 219

bottom: 374 人脸面积为: 24025

第2个人脸d的坐标:left: 734 right: 889 top: 219

bottom: 374 人脸面积为: 24025

第3个人脸d的坐标:left: 1250 right: 1405 top: 219

bottom: 374 人脸面积为: 24025

图 2.53　人脸识别结果一

人脸数:1

第 1个人脸d的坐标: left:113 right: 187 top: 113 bottom: 188

人脸面积为: 5550

图 2.54　只有一张人脸的图像的识别结果

（2）使用 face_recognition 库识别图像中的人脸。

安装 face_recognition 库，打开命令窗口，输入"pip install face_recognition"命令，安装过程如图 2.55 所示。

图 2.55　face_recognition 库安装过程

使用 face_recognition 库识别图像中的人脸，代码如下。

```python
# 检测人脸
import face_recognition
import cv2
# 读取图像并识别人脸
img = face_recognition.load_image_file("1.png")
face_locations = face_recognition.face_locations(img)
print(face_locations)
# 调用 opencv 函数显示图像
img = cv2.imread("1.png")
cv2.namedWindow(""image ")
cv2.imshow("image", img)
# 遍历每个人脸，并标注
faceNum = len(face_locations)
for i in range(0, faceNum):
    top = face_locations[i][0]
    right = face_locations[i][1]
    bottom = face_locations[i][2]
    left = face_locations[i][3]
    start = (left, top)
```

```
    end = (right, bottom)
    color = (55,255,155)
    thickness = 3
    cv2.rectangle(img, start, end, color, thickness)
# 显示识别结果
cv2.namedWindow("rec_image ")
cv2.imshow("rec_image", img)
cv2.waitKey(0)
cv2.destroyAllWindows()
```

程序运行结果如图 2.56 所示。

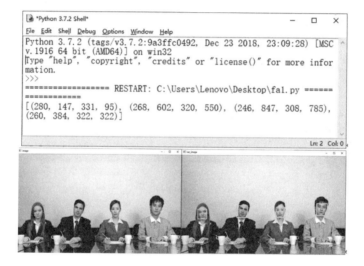

图 2.56　人脸识别结果二

（3）人脸预测。

给定几张测试图如图 2.57 所示。

（a）测试图一

（b）测试图二

（c）测试图三

图 2.57　测试图

编程实现给出待识别图中人物的姓名信息，待识别图如图2.58所示。

（a）待识别图一　　　　　　　（b）待识别图二　　　　　　　（c）待识别图三

图 2.58　待识别图

```
# 加载模块
import face_recognition
import cv2
# 加载测试图
known_image_Flor = face_recognition.load_image_file(
    "10.jpg")
known_image_Nora = face_recognition.load_image_file(
    "20.jpg")
known_image_Jim = face_recognition.load_image_file(
    "30.jpg")
# 对图像进行编码，获取128维特征向量
Flor_encoding = face_recognition.face_encodings(known_image_Flor)[0]
Nora_encoding = face_recognition.face_encodings(known_image_Nora)[0]
Jim_encoding = face_recognition.face_encodings(known_image_Jim)[0]
# 把已识别图的编码存为列表
known_faces = [
    Flor_encoding,
    Nora_encoding,
    Jim_encoding,
]
# 加载待识别图
unknown_image_1 = face_recognition.load_image_file(
    "1.jpg")
unknown_image_2 = face_recognition.load_image_file(
    "2.jpg")
unknown_image_3 = face_recognition.load_image_file(
    "3.jpg")
# 把待识别图存为列表
unknown_faces = [
```

```
        unknown_image_1,
        unknown_image_2,
        unknown_image_3
    ]
    # 初始化一些变量
    face_locations = []
    face_encodings = []
    face_names = []
    frame_number = 0
    # 将待识别图列表遍历
    for frame in unknown_faces:
        face_names = []
        # 获取待识别图中的人脸区域位置
        face_locations = face_recognition.face_locations(frame)
        # 对待识别图人脸区域位置进行编码, 获取128维特征向量
        face_encodings = face_recognition.face_encodings(frame, face_
locations)
        # 对待识别图的编码列表遍历
        for face_encoding in face_encodings:
            # 识别图像中人脸是否匹配测试图
            match = face_recognition.compare_faces(known_faces, face_encoding,
tolerance=0.5)
            name = None
            if match[0]:
                name = "xiaobao"
            elif match[1]:
                name = "honghong"
            elif match[2]:
                name = 'Jim'
            else:
                name = 'Unknown'
            face_names.append(name)
        # 结果打上标签
        for (top, right, bottom, left), name in zip(face_locations,
face_names):
            if not name:
                continue
            # 绘制脸部区域框
            cv2.rectangle(frame, (left, top), (right, bottom), (0, 0, 255), 2)
            # 在脸部区域下面绘制人名
            cv2.rectangle(frame, (left, bottom - 25),
                        (right, bottom), (0, 0, 255), cv2.FILLED)
            font = cv2.FONT_HERSHEY_DUPLEX
```

```
        cv2.putText(frame, name, (left + 6, bottom - 6),
                font, 0.5, (255, 255, 255), 1)
# 显示图像
image_rgb = cv2.cvtColor(frame, cv2.COLOR_BGR2RGB)
cv2.imshow("result.jpg", image_rgb)
cv2.waitKey(0)
```

人脸识别结果如图 2.59 所示。

（a）结果一

（b）结果二

（c）结果三

图 2.59　人脸识别结果三

第三部分
Python篇

实验 3.1 Python 基础

Python 始终贯彻程序设计优雅、明确、简单这一理念。Python 上手非常简单，它的语法很像自然语言，对非软件专业人士而言，选择 Python 的成本最低，因此，某些医学甚至艺术专业背景的人，往往会选择 Python 作为编程语言。正是由于 Python 所具有的这些特性，使得其自 1991 年第一个公开发行版问世后不断受到编程者的欢迎和喜爱，到 2004 年，Python 的使用率呈线性增长。此后，Python 在 2010 年、2018 年、2020 年、2021 年均获得 TIOBE 年度程序语言奖；在 *IEEE SPECTRUM* 杂志发布的 2020 年度编程语言排行榜中，Python 位居第一。

一、实验目的

- 学习 Python 的安装。
- 掌握 Python 基础知识。
- 能独立编写简单的 Python 程序。

二、实验内容

【实验任务】

- Python 环境的安装。
- Python 程序调试。
- 编写简单的 Python 程序。

【实验指导】

在 Python 官网可以下载 Python 解释器。官方 Python 解释器是一个跨平台的 Python 集成开发和学习环境，它支持 Windows、Mac OS 和 UNIX 操作系统，且在这些操作系统中的使用方式基本相同。下面介绍如何安装和配置 Python 开发环境，以及如何运行 Python 3.8。

1. 安装Python解释器

下面以 Windows 操作系统为例，演示 Python 解释器的安装过程，具体步骤如下。

（1）访问 Python 官网，进入下载页面，如图 3.1 所示。

图 3.1　Python 官网的软件下载页面

（2）单击图 3.1 中的 Windows 链接，进入 Windows 版本软件下载界面，根据操作系统版本选择相应的软件安装包。本教材使用的是 Windows 10（64 位）操作系统，此处选择 Python 3.8.5 版本、64 位、exe 格式的安装包，如图 3.2 所示。

Looking for a specific release?

Python releases by version number:

Release version	Release date		Click for more
Python 3.8.6	Sept. 24, 2020	⬇ Download	Release Notes
Python 3.5.10	Sept. 5, 2020	⬇ Download	Release Notes
Python 3.7.9	Aug. 17, 2020	⬇ Download	Release Notes
Python 3.6.12	Aug. 17, 2020	⬇ Download	Release Notes
Python 3.8.5	July 20, 2020	⬇ Download	Release Notes
Python 3.8.4	July 13, 2020	⬇ Download	Release Notes
Python 3.7.8	June 27, 2020	⬇ Download	Release Notes
Python 3.6.11	June 27, 2020	⬇ Download	Release Notes

View older releases

图 3.2　Python 安装包

（3）下载完成后，双击安装包启动安装程序，如图 3.3 所示。在图 3.3 所示的窗口中可以选择不同的安装方式。"Install Now"为默认安装模式，"Customize installation"为自定义安装模式，可以自定义安装选项。选中下方的"Add Python 3.8 to PATH"复选框，表示安装完成后，Python 将被添加到环境变量中；若不选中此复选框，则需手动将 Python 添加到环境变量中。

图 3.3　启动安装程序

（4）选择好安装模式后单击相应按钮，则开始安装 Python 解释器、配置环境变量，等待安装完成即可。

2. Python 程序的两种运行方式

Python 程序的运行方式有两种：交互式和文件式。交互式可以通过命令提示符窗口或者 IDLE 实现，而文件式通过写一个脚本（.py 结尾的文档）实现。其中，交互式主要用于简单的 Python 程序运行或者在调试 Python 程序时用到，而文件式是运行 Python 程序的主要方法。

（1）交互式。

通过命令提示符窗口运行 Python 的操作步骤如下。在"开始"菜单中选择"Python 3.8（64-bit）"，如图 3.4 所示。

打开 Python 交互窗口，如图 3.5 所示。

用户也可以通过同时按下 Windows 键和 R 键，启动"运行"对话框，在"运行"对话框中输入 cmd 命令，按 Enter 键即打开命令提示符窗口，输入 Python 命令，按 Enter 键进入 Python 环境。若需要退出 Python 环境，在 Python 命令提示符">>>"后输入 quit() 或者 exit()，再按 Enter 键即可。

图 3.4　打开 Python 程序

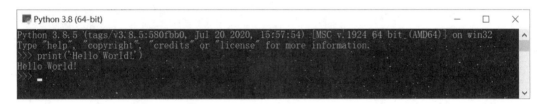

图 3.5　Python 交互窗口

在打开的 Python 环境界面中输入一行代码 print（'Hello world!'），按 Enter 键，即可与 Python 交互一次，Python 执行一次，如图 3.6 所示。

图 3.6　Python 交互窗口执行结果

通过 IDLE 交互式运行 Python 的操作步骤如下。在"开始"菜单中选择"IDLE（Python 3.8 64-bit）"，如图 3.7 所示。即可启动 IDLE。

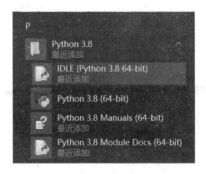

图 3.7　打开 Python IDLE

同样地，在 IDLE 中输入一行代码 print('Hello world!')，按 Enter 键，即可与 Python 交互一次，Python 执行一次。在 IDLE 中，Python 代码可以高亮显示，如图 3.8 所示。

图 3.8　Python IDLE 窗口

（2）文件式。

在 IDLE 中选择 File→New File 菜单命令，就会弹出一个未命名（Untitled）的脚本窗口，输入下列代码，按快捷键 Ctrl+S 将脚本保存为"温度转换.py"，如图 3.9 所示。

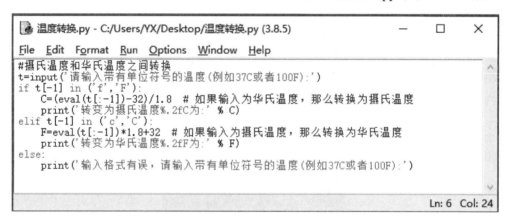

图 3.9　IDLE 脚本窗口

```
#摄氏温度和华氏温度之间转换
t=input('请输入带有单位符号的温度(例如 37C 或者 100F):')
if t[-1] in ('f','F'):
    C=(eval(t[:-1])-32)/1.8   # 如果输入为华氏温度，那么转换为摄氏温度
    print('转变为摄氏温度%.2fC 为:' % C)
elif t[-1] in ('c','C'):
```

```
    F=eval(t[:-1])*1.8+32   # 如果输入为摄氏温度，那么转换为华氏温度
    print('转变为华氏温度%.2fF 为：' % F)
else:
print('输入格式有误，请输入带有单位符号的温度(例如 37C 或者 100F):')
```

按 F5 键运行上一步保存的 "温度转换.py" 脚本，会出现图 3.10 所示的界面。其中提示 "请输入带有单位符号的温度（例如 37C 或者 100F):"，输入相应温度并按 Enter 键，即可通过脚本运行 Python。

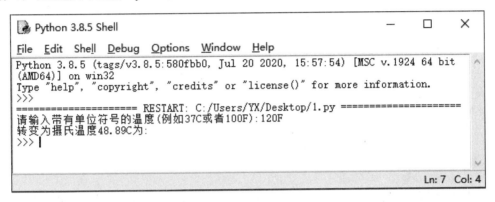

图 3.10 脚本运行结果

在 Python 程序开发的过程中，往往还会用到代码编辑器或者其他集成开发环境（integrated development environment，IDE），这些工具通常提供一些插件，帮助开发者更方便、快捷地使用 Python，加快开发速度，提高效率。常用的 Python IDE 有 Sublime Text、Eclipse+PyDev、Vim、PyCharm 等。

3. 使用Python完成以下程序

（1）使用 Python 完成输出如图 3.11 所示的九九乘法口诀表。

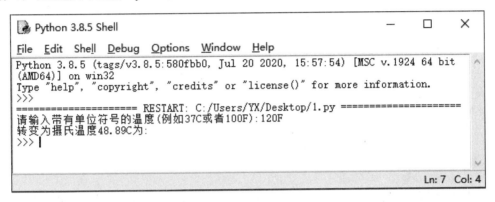

图 3.11 九九乘法口诀表

参考代码如下。

```
for  i in range(1, 10):
    for j in range(1, i+1):
print('{}x{}={}\t'.format(j, i, i*j), end='')
    print()
```

（2）使用 Python 实现从键盘输入两个数，并求它们的最小公倍数。

参考代码如下。

```
def lcm(x, y): # 定义函数
    if x > y: # 获取最大的数
        greater = x
    else:
        greater = y
    while(True):
        if((greater % x == 0) and (greater % y == 0)):
            lcm = greater
            break
        greater += 1
    return lcm
# 获取用户输入
num1 = int(input("输入第一个数字： "))
num2 = int(input("输入第二个数字： "))
print( num1,"和", num2,"的最小公倍数为", lcm(num1, num2))
```

三、练习

（1）如果一个 n 位正整数等于其各位数字的 n 次方之和，则称该数为阿姆斯特朗数。例如，$1^3 + 5^3 + 3^3 = 153$。请编程实现，找出 1000 以内的阿姆斯特朗数。

代码提示如下。

```
for num in range(1,1000 + 1): # 初始化
    sum = 0 # 指数
    n = len(str(num)) # 检测
    temp = num
    while temp > 0:
        digit = temp % 10
        sum += digit ** n
        temp //= 10
    if num == sum:
        print(num)
```

（2）使用选择法对数组 A = [64, 25, 12, 22, 11]中的元素进行排序。

代码如下。

```python
import sys
A = [64, 25, 12, 22, 11]
for i in range(len(A)):
    min_idx = i
    for j in range(i+1, len(A)):
        if A[min_idx] > A[j]:
            min_idx = j
    A[i], A[min_idx] = A[min_idx], A[i]
print ("排序后的数组: ")
for i in range(len(A)):
    print("%d" %A[i]),
```

实验 3.2　Python 常用库

Python 中的常用库有很多，本实验使用 NumPy 库和 Matplotlib 库进行相关实验。NumPy（Numeric Python）是一个开源的 Python 科学计算库，是高性能科学计算和数据分析的基础包，计算速度要比 Python 自带的函数快很多，支持高级、大量的维度数组与矩阵运算，此外也针对数组运算提供了大量的数学函数库。NumPy 库中存在两种不同的数据类型：矩阵（matrix）和数组（array），二者都可以用于处理行列表示的数字元素，虽然它们看起来很相似，但是在这两种数据类型上执行相同的数学运算可能会得到不同的结果。Matplotlib 绘图库提供了整套和 Matlab 相似的 API，用以绘制一些高质量的数学二维图形，十分适合交互式地进行绘图。

一、实验目的

● 学习安装 NumPy 库和 Matplotlib 库。
● 掌握 NumPy 库的使用方法。
● 掌握 Matplotlib 绘图的原理。

二、实验内容

【实验任务】

● 安装 NumPy 库和 Matplotlib 库。
● 使用 NumPy 库对数组进行操作与运算。
● 使用 Matplotlib 在同一个坐标系中绘制多条曲线图。

● 使用 Matplotlib 在同一个窗口的不同子图上绘图。

【实验指导】

1. NumPy库的使用

NumPy 库最重要的一个特点是其 *n* 维数组对象 ndarray，它是一系列同类型数据的集合，以下标 0 开始进行集合中元素的索引。创建一个 ndarray 只需调用 NumPy 库的 array 函数即可。

```
numpy.array(object, dtype = None, copy = True, order = None, subok = False,
ndmin = 0)
```

array 函数参数说明见表 3-1。

表 3-1   array 函数参数说明

名称	描述
object	数组或嵌套的数列
dtype	数组元素的数据类型，可选
copy	对象是否需要复制，可选
order	创建数组的样式，C 为行方向，F 为列方向，A 为任意方向（默认）
subok	默认返回一个与基类类型一致的数组
ndmin	指定生成数组的最小维度

（1）安装 NumPy 库。

使用 pip install numpy 命令安装 NumPy 库（pip3 和 pip 命令在 Python 3 中的效果是一样的），图 3.12 表示已经安装了 NumPy 库。

图 3.12   已经安装了 NumPy 库

（2）使用 NumPy 库。

使用 import numpy as np 语句导入 NumPy 库用 np 代替。

（3）创建数组（创建全 0 数组、全 1 数组、随机数组）。

使用 np.zeros((3,3)) 语句创建全 0 数组，结果如图 3.13 所示。

使用 np.ones((3,3)) 语句创建全 1 数组，结果如图 3.14 所示。

```
>>> import numpy as np
>>> np.zeros((3,3))
array([[0., 0., 0.],
       [0., 0., 0.],
       [0., 0., 0.]])
>>>
```

图 3.13　创建全 0 数组

```
>>> np.ones((3,3))
array([[1., 1., 1.],
       [1., 1., 1.],
       [1., 1., 1.]])
>>>
```

图 3.14　创建全 1 数组

使用 np.random.randint(0,10,(3,3)) 语句创建 0～10 之间的随机数组，结果如图 3.15 所示。

```
>>> np.random.randint(0,10,(3,3))
array([[0, 2, 5],
       [8, 3, 7],
       [6, 4, 2]])
```

图 3.15　创建随机数组

（4）使用数组的常用函数（数组所有元素的和、积、平均值、最大值、最小值、方差、标准差）对创建的 0～10 之间的随机数组求和、积、平均值、最大值、最小值、方差、标准差。

求和过程如图 3.16 所示。

类似地，求积、平均值、最大值、最小值、方差、标准差的过程如图 3.17 所示。

```
>>> a=np.random.randint(0,10,(3,3))
>>> a
array([[8, 7, 0],
       [1, 2, 0],
       [3, 4, 2]])
>>> a.sum()
```

图 3.16　求和过程

```
>>> a
array([[8, 7, 0],
       [1, 2, 0],
       [3, 4, 2]])
>>> a.sum()
27
>>> a.prod()
0
>>> a.mean()
3.0
>>> a.max()
8
>>> a.min()
0
>>> a.var()
7.333333333333333
>>> a.std()
2.70801280154532
>>>
```

图 3.17　数组的常用函数

2. Matplotlib库的使用

Matplotlib 库包含了几十个不同的模块，如 matlab、mathtext、finance、dates 等，而 pyplot 是最常用的绘图模块。用 Matplotlib 绘图时，常常需要实现两类功能，一类是在一个坐标系上画多条曲线，能够清楚地看到多条曲线的对比情况；另一类是在同一个窗口的不同子图上绘图，多用于呈现不同内容的曲线或没有对比关系的曲线。两类功能的根本区别在于，是在同一个坐标系上绘图，还是在不同的坐标系上绘图。

（1）安装 Matplotlib 库。

使用 pip install matplotlib 命令安装 Matplotlib 库，图 3.18 表示已经安装了 Matplotlib 库。

```
C:\Users\Lenovo>pip install matplotlib
Requirement already satisfied: matplotlib in c:\users\lenovo\appdata\local\programs\python\python37\lib\site-packages (3
.0.3)
Requirement already satisfied: cycler>=0.10 in c:\users\lenovo\appdata\local\programs\python\python37\lib\site-packages
(from matplotlib) (0.10.0)
Requirement already satisfied: numpy>=1.10.0 in c:\users\lenovo\appdata\local\programs\python\python37\lib\site-packages
(from matplotlib) (1.16.3)
Requirement already satisfied: kiwisolver>=1.0.1 in c:\users\lenovo\appdata\local\programs\python\python37\lib\site-pack
ages (from matplotlib) (1.1.0)
Requirement already satisfied: pyparsing!=2.0.4,!=2.1.2,!=2.1.6,>=2.0.1 in c:\users\lenovo\appdata\local\programs\python
\python37\lib\site-packages (from matplotlib) (2.4.0)
Requirement already satisfied: python-dateutil>=2.1 in c:\users\lenovo\appdata\local\programs\python\python37\lib\site-p
ackages (from matplotlib) (2.8.0)
Requirement already satisfied: six in c:\users\lenovo\appdata\local\programs\python\python37\lib\site-packages (from cyc
ler>=0.10->matplotlib) (1.12.0)
Requirement already satisfied: setuptools in c:\users\lenovo\appdata\local\programs\python\python37\lib\site-packages (f
rom kiwisolver>=1.0.1->matplotlib) (40.6.2)
```

图 3.18　已经安装了 Matplotlib 库

（2）使用 Matplotlib 库绘制正弦曲线。

代码如下。

```
import numpy as np                   # 导入 numpy 库用 np 表示
import matplotlib.pyplot as plt      # 导入 matplotlib.pyplot 库用 plt 表示
# 在 [0, 4*PI] 之间取间距为 0.01 的点
x = np.arange(0, 4 * np.pi, 0.01)
# 计算这些点的正弦值，并保存在变量 y
y = np.sin(x)
# 画出 x, y 即正弦曲线
plt.plot(x, y)
plt.show()
```

绘制结果如图 3.19 所示。

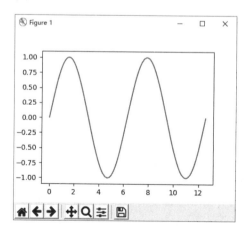

图 3.19　正弦曲线绘制结果

（3）在同一坐标系中绘制多条曲线，并通过样式、宽度、颜色加以区分。
代码如下。

```
import numpy as np                    # 导入 numpy 库用 np 表示
import matplotlib.pyplot as plt       # 导入 matplotlib.pyplot 库用 plt 表示
x=np.linspace(-4,4,200)#x 的范围为-4 到 4，线性等分取 200 个点
f1=np.power(10,x)                     # 10^x 赋给 f1
f2=np.power(np.e,x)                   # e^x 赋给 f2
f3=np.power(2,x)                      # 2^x 赋给 f3
plt.axis([-4,4,-0.5,8])              # 定义坐标轴的范围
plt.plot(x, f1, 'r',ls='-',linewidth=2,label='$10^x$') # 绘制 10^x 曲线
plt.plot(x,f2, 'b',ls='--',linewidth=2,label='$e^x$')  # 绘制 e^x 曲线
plt.plot(x,f3,'g',ls=':',linewidth=2,label='$2^x$')    # 绘制 2^x 曲线
# 添加文本标注
plt.text(1,7.5,r'$10^x$',fontsize=16)
plt.text(2.1,7.5,r'$e^x$',fontsize=16)
plt.text(3.2,7.5,r'$2^x$',fontsize=16)
# 显示曲线
plt.show()
```

绘制结果如图 3.20 所示。

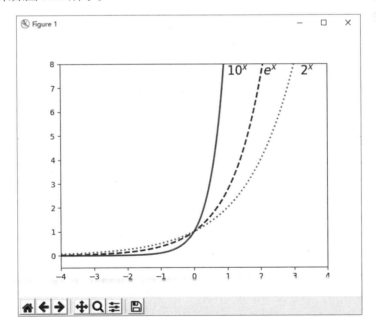

图 3.20　同一坐标系中绘制多条曲线结果

（4）在同一个窗口的不同子图上绘图。

代码如下。

```
import matplotlib.pyplot as plt
import numpy as np
# 开启一个窗口，num 设置子图数量，这里如果在 add_subplot 里写了子图数量，num 设置多
少就没影响了
# figsize 设置窗口大小，dpi 设置分辨率
fig = plt.figure(num=2, figsize=(15, 8),dpi=80)
# 使用 add_subplot 在窗口加子图，其本质就是添加坐标系
# 三个参数分别为行数、列数、本子图是所有子图中的第几个，最后一个参数设置错了，子图可
能发生重叠
ax1 = fig.add_subplot(2,1,1)
ax2 = fig.add_subplot(2,1,2)
# 绘制曲线
ax1.plot(np.arange(0,1,0.1),range(0,10,1),color='g')
# 同理，在同一个坐标系 ax1 上绘图，可以在 ax1 坐标系上画两条曲线，实现跟上一段代码一
样的效果
ax1.plot(np.arange(0,1,0.1),range(0,20,2),color='b')
# 在第二个子图上画图
ax2.plot(np.arange(0,1,0.1),range(0,20,2),color='r')
plt.show()
```

绘制结果如图 3.21 所示。

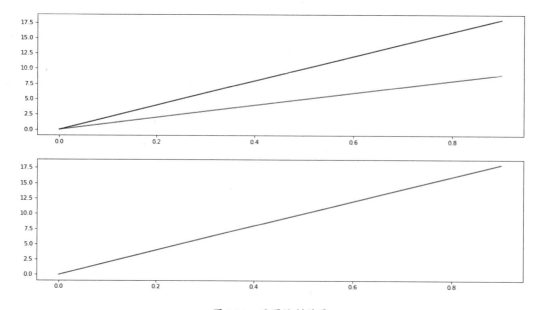

图 3.21　子图绘制结果

三、练习

（1）创建由 40～80 之间的随机数组成的 4×4 矩阵，求其平均值、最大值。

（2）使用 Matplotlib 库绘制余弦曲线。

（3）使用 Python 常用库绘制如图 3.22 所示的三维图。

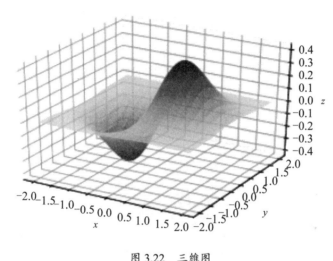

图 3.22　三维图

实验 3.3　数据采集

数据采集又称数据获取，是指从传感器和其他待测设备等模拟和数字被测单元中自动采集信息的过程。数据的主要来源为商业数据、互联网数据、传感器数据。本实验主要学习如何使用 Python 库爬取网页数据，并对爬取的网页数据进行分析。

一、实验目的

● 理解数据采集的原理。

● 使用 Python 库爬取网页数据。

● 对爬取的网页数据进行分析。

二、实验内容

【实验任务】

● requests 库的安装与使用。

- lxml 库的安装与使用。
- Beautiful Soup 4 库的安装与使用。

【实验指导】

1. requests库的安装与使用

requests 是 Python 的一个第三方超文本传输协议（hypertext transfer protocol，HTTP）库，使用 requests 库可以让 Python 实现访问网页并获取源代码的功能。

使用 pip install requests 命令安装 requests 库，安装完成后进入 Python 交互环境，输入 import requests 并按 Enter 键。如果不报错，则表示 requests 库已经安装成功，如图 3.23 所示。

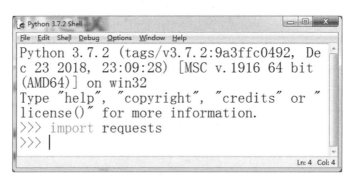

图 3.23　requests 库安装成功

requests 库可以很方便地帮助我们得到网页的源代码，如获取百度主页的源代码，代码如下。

```
import requests
# 获取源代码
source = requests.get('https://www.baidu.com').content.decode()
# 打印源代码
print(source)
```

其中，source 便是百度主页的源代码。程序运行结果如图 3.24 所示。

2. lxml库的安装与使用

XPath（XML Path）是一种查询语言，它能在可扩展标记语言（extensible markup language，XML）和超文本标记语言（hyper text markup language，HTML）的树状结构中寻找节点。为了能使用 XPath 从 HTML 网页源代码中爬取信息，需要在 Python 中安装一个第三方库，即 lxml。

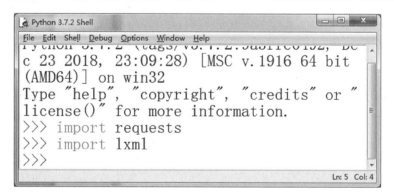

图 3.24　百度主页的源代码

使用 pip install lxml 命令安装 lxml 库，安装完成后进入 Python 交互环境，输入
import lxml 并按 Enter 键。如果不报错，则表示 lxml 库已经安装成功，如图 3.25 所示。

图 3.25　lxml 库安装成功

例如，爬取以下 HTML 网页源代码中的"useful"信息。

```html
<html>
  <head>
    <title>测试</title>
  </head>
```

```
  <body>
    <div class="useful">
      <ul>
        <li class="info">我需要的信息 1</li>
        <li class="info">我需要的信息 2</li>
        <li class="info">我需要的信息 3</li>
      </ul>
    </div>
    <div class="useless">
      <ul>
        <li class="info">垃圾 1</li>
        <li class="info">垃圾 2</li>
      </ul>
    </div>
  </body>
</html>
```

爬取代码如下。

```
import lxml.html
source = '''
<html>
  <head>
    <title>测试</title>
  </head>
  <body>
    <div class="useful">
      <ul>
        <li class="info">我需要的信息 1</li>
        <li class="info">我需要的信息 2</li>
        <li class="info">我需要的信息 3</li>
      </ul>
    </div>
    <div class="useless">
      <ul>
        <li class="info">垃圾 1</li>
        <li class="info">垃圾 2</li>
      </ul>
    </div>
  </body>
</html>
'''
selector = lxml.html.fromstring(source)
```

```
useful = selector.xpath('//div[@class="useful"]')
info_list = useful[0].xpath('ul/li/text()')
print(info_list)
```

爬取代码运行结果如图 3.26 所示。

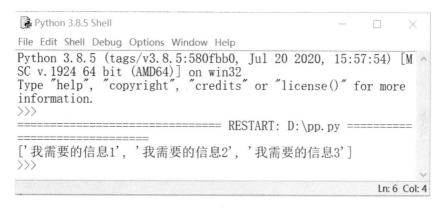

图 3.26　爬取结果

读者可尝试修改代码，将上述 HTML 网页源代码中的"useless"信息爬取出来。

3. 从网页爬取信息

例如，将百度主页中的标题（title）爬取出来，实现代码如下。

```
import requests        #导入 requests 库
import lxml.html       #导入 lxml 库
source = requests.get('https://www.baidu.com').content.decode()
selector = lxml.html.fromstring(source)
useful =selector.xpath('//title/text()')#爬取 title 内容
print(useful)
```

标题爬取代码运行结果如图 3.27 所示。

图 3.27　标题爬取结果

4. 使用Beautiful Soup 4库从网页爬取数据

Beautiful Soup 4（BS4）是 Python 的一个第三方库，用来从 HTML 和 XML 中爬取

数据。BS4 在某些方面比 XPath 易懂，但不如 XPath 简洁，由于它是使用 Python 开发的，因此速度比 XPath 慢。

使用 pip install beautifulsoup4 命令安装 Beautiful Soup 4 库，安装完成后进入 Python 交互环境，输入 from bs4 import BeautifulSoup 并按 Enter 键。如果不报错，则表示 BS4 库安装成功，如图 3.28 所示。

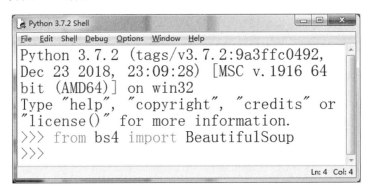

图 3.28　BS4 库安装成功

使用 BS4 提取 HTML 网页源代码的内容，一般要经过以下两步。

（1）处理源代码生成 BeautifulSoup 对象。

（2）使用 find_all()或者 find()函数来查找内容。

用 BS4 爬取网页 http://exercise.kingname.info/exercise_bs_1.html[2022-03-02]中的内容，网页的源代码如图 3.29 所示。

```
点击这里导入书签。 开始
1   <html>
2     <head>
3       <title>测试</title>
4     </head>
5     <body>
6       <div class="useful">
7         <ul>
8           <li class="info">我需要的信息1</li>
9           <li class="test">我需要的信息2</li>
10          <li class="iamstrange">我需要的信息3</li>
11        </ul>
12      </div>
13      <div class="useless">
14        <ul>
15          <li class="info">垃圾1</li>
16          <li class="info">垃圾2</li>
17        </ul>
18      </div>
19    </body>
20  </html>
```

图 3.29　网页的源代码

爬取代码如下。

```
from bs4 import BeautifulSoup
import requests
import re
html = requests.get('http://exercise.kingname.info/exercise_bs_1.html').
content.decode()
soup = BeautifulSoup(html, 'lxml')
useful = soup.find(class_='useful')
all_content = useful.find_all('li')
content = soup.find_all(class_=re.compile('iam'))
for each in content:
    print(each.string)
useful = soup.find(class_='useful')
all_content = useful.find_all('li')
for li in all_content:
    print(li.string)
  content = soup.find_all(text=re.compile('我需要'))
for each in content:
    print(each.string)
info_2 = soup.find(class_='test')
print(info_2.string)
```

程序运行结果如图 3.30 所示。

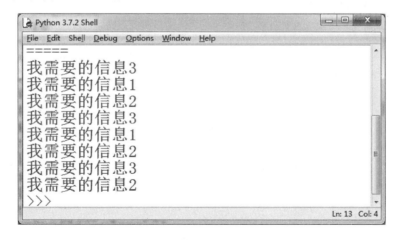

图 3.30　使用 BS4 爬取结果

三、练习

自行选择一个网站，通过 XPath 或者 BS4 库获取所需的内容。

实验 3.4　数据可视化

数据可视化是进行各种大数据分析的重要组成部分之一。目前存在着大量专门用于数据可视化的工具，它们都是既开源又专有的，其中一些工具表现比较突出。本实验将介绍三种最受欢迎的数据可视化工具，帮助大家理解数据可视化的过程与意义。

一、实验目的

- 掌握数据可视化的原理。
- 掌握数据可视化的方法。
- 理解数据可视化的意义。

二、实验内容

【实验任务】

- 使用 Excel 进行数据可视化。
- 使用 Matlab 进行数据可视化。
- 使用 Python 进行数据可视化。

【实验指导】

1. 使用Excel进行数据可视化

实验数据如图 3.31 所示。

	A	B
1	部门	费用开支（元）
2	资产处	3000
3	财务处	4200
4	人事处	5600
5		

图 3.31　实验数据

使用 Excel 进行数据可视化，绘制数据柱形图的步骤为：在 Excel 中单击"插入"→"图表"，弹出"插入图表"对话框，如图 3.32 所示，选择柱形图，单击"确定"按钮后结果如图 3.33 所示。

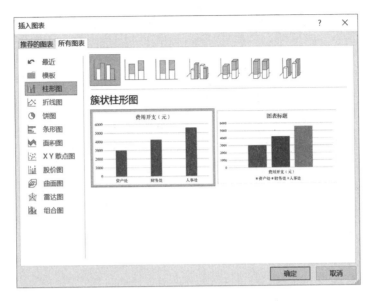

图 3.32　"插入图表"对话框

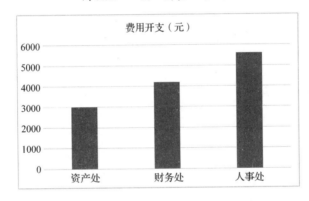

图 3.33　柱形图

在"插入图表"对话框中分别选择三维饼图和瀑布图，可以绘制出如图 3.34 所示的三维饼图和如图 3.35 所示的瀑布图。

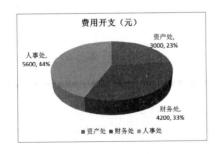

图 3.34　三维饼图

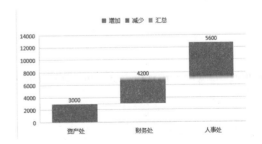

图 3.35　瀑布图

图 3.36 和图 3.37 所示为绘制图表时的一些参数设置，实验时可以调整具体参数并查看可视化后的结果。

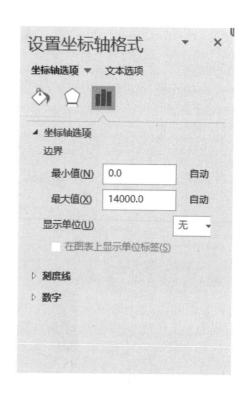

图 3.36　设置绘图区格式　　　　图 3.37　设置坐标轴格式

大家可以尝试不同数据，绘制其他样式的图表。使用 Excel 进行数据可视化相对简单，大家可自行进行练习。

2. 使用 Matlab 进行数据可视化

（1）绘制离散函数 $y = 1/(n-2)^2 + 1/(n-7)^2$ 的图形，其中自变量的取值范围是（0,16）的整数。

实现代码如下。

```
n=1:0.2:16;
y=1./(n-2).^2+1./(n-7).^2;
plot(n,y,"*");
```

运行结果如图 3.38 所示。

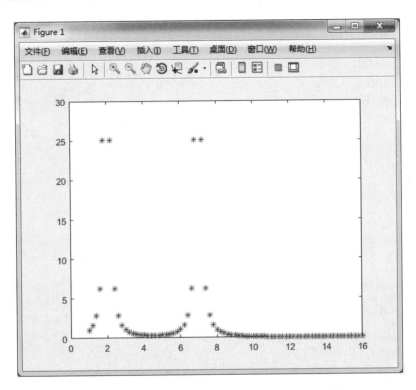

图 3.38　Matlab 绘制离散函数图形

（2）plot、subplot、legend 函数的功能演示。

代码如下。

```
n=0:0.1:5;%n 取值范围
y=sin(n); %求正弦值
z=cos(n); %求余弦值
h=tan(n); %求正切值
subplot(3,1,1);%创建子图
plot(n,y); %绘制正弦图
subplot(3,1,2); %创建子图
plot(n,z); %绘制余弦图
subplot(3,1,3); %创建子图
plot(n,h); %绘制正切图
```

运行结果如图 3.39 所示。

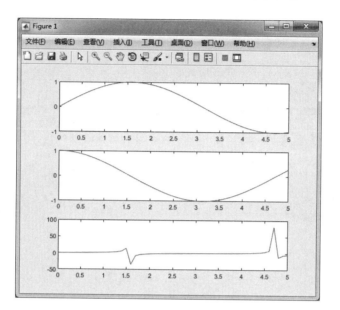

图 3.39　Matlab 绘制子图一

将上述代码简化如下。

```
n=0:0.05:5;%n 取值范围
plot(n,sin(n),'*b',n,cos(n),'+r',n,tan(n)./100,'+');%绘图
legend('sin(n)','cos(n)','tan(n)');%设置图例
```

运行结果如图 3.40 所示。

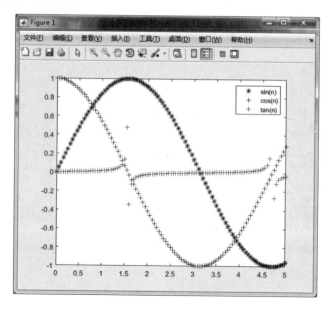

图 3.40　Matlab 绘制子图二

（3）plot3、mesh、surf 函数的功能演示。

plot3 函数代码如下。

```
n=0:0.05:5;
plot3(n,sin(n),cos(n),'b','linewidth',1);%绘制三维图像
grid('on')
```

运行结果如图 3.41 所示。

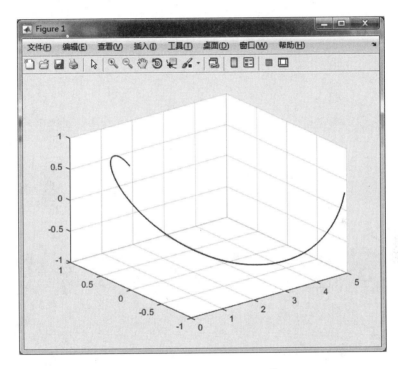

图 3.41　Matlab 绘制三维图像

mesh 函数代码如下。

```
z=peaks(25); %生成一个凹凸有致的曲面，包含三个局部极大点及三个局部极小点的函数
mesh(z); %用于绘制三维网格图
```

运行结果如图 3.42 所示。

surf 函数代码如下。

```
z=peaks(25); %生成一个凹凸有致的曲面，包含三个局部极大点及三个局部极小点的函数
surf(z); %用于绘制三维曲面图
```

运行结果如图 3.43 所示。

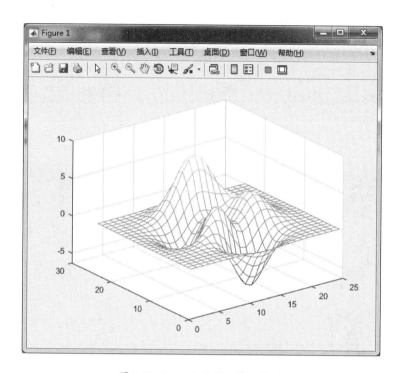

图 3.42　Matlab 绘制三维网格图

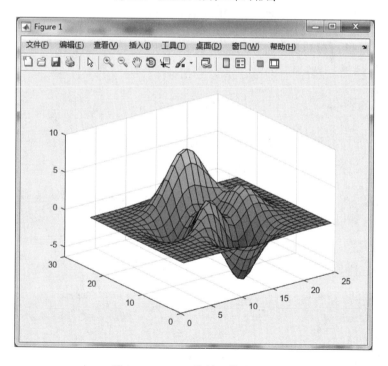

图 3.43　Matlab 绘制三维曲面图

部分 z 的数据如图 3.44 所示。

1 至 13 列

0.0001	0.0002	0.0007	0.0017	0.0034	0.0051	0.0042	-0.0050	-0.0299	-0.0752	-0.1373	-0.2010	-0.2450
0.0002	0.0005	0.0016	0.0038	0.0074	0.0101	0.0045	-0.0244	-0.0959	-0.2217	-0.3908	-0.5616	-0.6769
0.0003	0.0011	0.0032	0.0077	0.0147	0.0188	0.0028	-0.0671	-0.2346	-0.5260	-0.9150	-1.3066	-1.5692
0.0005	0.0019	0.0058	0.0141	0.0272	0.0357	0.0074	-0.1224	-0.4382	-0.9942	-1.7436	-2.5050	-3.0220
0.0007	0.0028	0.0088	0.0227	0.0468	0.0698	0.0452	-0.1285	-0.5921	-1.4478	-2.6390	-3.8835	-4.7596
0.0006	0.0029	0.0103	0.0300	0.0703	0.1271	0.1532	0.0232	-0.4619	-1.4783	-3.0044	-4.6961	-5.9729
-0.0005	0.0002	0.0053	0.0252	0.0789	0.1851	0.3265	0.3923	0.1483	-0.6798	-2.1871	-4.0754	-5.6803
-0.0033	-0.0081	-0.0143	-0.0119	0.0299	0.1667	0.4485	0.8358	1.1071	0.8826	-0.1387	-1.8447	-3.6043
-0.0088	-0.0244	-0.0565	-0.1032	-0.1301	-0.0427	0.3007	0.9838	1.8559	2.4537	2.2247	0.9965	-0.7239
-0.0166	-0.0489	-0.1223	-0.2545	-0.4232	-0.5096	-0.2806	0.4947	1.7829	3.0862	3.6265	2.9423	1.3962
-0.0255	-0.0771	-0.2000	-0.4391	-0.7989	-1.1576	-1.2128	-0.5959	0.7969	2.4879	3.5507	3.3044	1.9975
-0.0330	-0.1010	-0.2669	-0.6020	-1.1412	-1.7752	-2.1635	-1.8359	-0.5659	1.2281	2.5614	2.6254	1.5850
-0.0365	-0.1127	-0.3010	-0.6886	-1.3327	-2.1425	-2.7736	-2.7119	-1.6523	0.0636	1.4796	1.7530	0.9810
-0.0351	-0.1089	-0.2924	-0.6741	-1.3190	-2.1565	-2.8733	-2.9786	-2.1491	-0.6469	0.6823	1.0566	0.5228
-0.0295	-0.0916	-0.2468	-0.5711	-1.1230	-1.8494	-2.4923	-2.6376	-1.9968	-0.7599	0.3898	0.7963	0.4641
-0.0216	-0.0671	-0.1805	-0.4165	-0.8151	-1.3303	-1.7597	-1.7802	-1.1629	-0.0458	1.0400	1.5519	1.4226
-0.0137	-0.0421	-0.1119	-0.2535	-0.4808	-0.7403	-0.8639	-0.5991	0.2289	1.5069	2.7942	3.5855	3.6886
-0.0073	-0.0219	-0.0558	-0.1180	-0.1972	-0.2250	-0.0470	0.5471	1.6944	3.2876	4.9199	6.0650	6.3901
-0.0031	-0.0085	-0.0189	-0.0293	-0.0121	0.1094	0.4784	1.2745	2.6076	4.3742	6.1956	7.5413	7.9966
-0.0009	-0.0016	-0.0004	0.0130	0.0700	0.2411	0.6464	1.4291	2.6731	4.2896	5.9599	7.2199	7.6723
0.0000	0.0008	0.0053	0.0232	0.0797	0.2279	0.5539	1.1578	2.0967	3.3060	4.5569	5.5089	5.8591
0.0002	0.0011	0.0050	0.0183	0.0573	0.1547	0.3626	0.7406	1.3221	2.0681	2.8399	3.4298	3.6493

图 3.44　部分 z 的数据

除以上函数，Matlab 中还有很多绘图函数，如 meshc、meshz、urfc、surfl 等绘制三维图的方式，大家可以多加练习。例如，使用 surfl 函数绘制如图 3.45 所示的三维图。

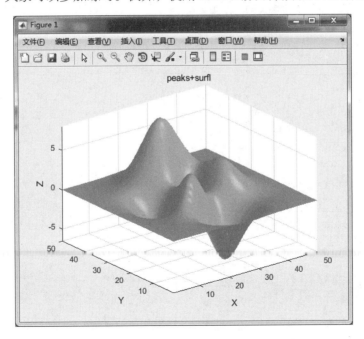

图 3.45　三维图

参考代码如下。

```
z =peaks(50);
figure(2)
surfl(z)
shading interp   %对曲面或图形对象的颜色着色进行色彩的插值处理，使色彩平滑过渡
xlabel('X');ylabel('Y');zlabel('Z')
title('peaks+surfl')
axis tight
```

3. 使用Python进行数据可视化

使用 Python 进行数据可视化时，我们常用到 Matplotlib 库中的一些函数。Matplotlib 库的安装和使用在实验 3.2 中有详细介绍。其数据图一般都带有如下信息。

- 用来描述图中各数据序列的图例。Matplotlib 库提供的 legend 函数可以为每个数据序列提供相应的标签。
- 对图中要点的注解，可以借助 Matplotlib 库提供的 annotate 函数。
- 横轴和纵轴的标签，可以通过 xlabel 和 ylabel 函数绘制出来。
- 一个说明性质的标题，通常由 Matplotlib 库的 title 函数来提供。
- 网格对于轻松定位数据点非常有帮助。grid 函数可以用来决定是否使用网格。

（1）绘制散点图。

代码如下。

```
import numpy as np
import matplotlib as mpl
import matplotlib.pyplot as plt
np.random.seed(1000)
# 正态分布生成 40 个随机数
y = np.random.standard_normal(40)
plt.figure(figsize=(9, 5))
# x 为 y 的数据的范围(0, 40)
x = range(len(y))
plt.plot(x, y)
#plt.plot(y.cumsum())
plt.plot(y.cumsum(), 'b', lw=2)
plt.plot(y.cumsum(), 'ro')       #红圆
plt.grid(True)                   # 添加网格线
plt.axis('tight')                # 紧凑坐标轴
```

```python
# 设置每个坐标轴的最小值和最大值
plt.xlim(-1,40)
plt.ylim(np.min(y.cumsum()) - 1, np.max(y.cumsum()) + 1)
plt.xlabel('index')
plt.ylabel('value')
plt.title('A Simple Plot')
plt.legend(loc=0)
plt.show()
```

程序运行结果如图 3.46 所示。

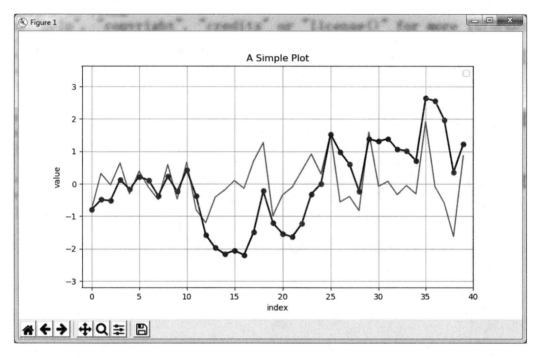

图 3.46　散点图

（2）读取鸢尾花数据集，使用循环和子图绘制各个特征之间的散点图。

代码如下。

```python
import numpy as np
import matplotlib.pyplot as plt
iris = np.load('../iris.npz')['data'][:,:-1]
name = np.load('../iris.npz')['features_name']
plt.rcParams['font.sans-serif'] = 'SimHei'
p = plt.figure(figsize=(16,16)) # 设置画布
```

```
plt.title('iris 散点图矩阵')
for i in range(4):
    for j in range(4):
        p.add_subplot(4,4,(i*4)+(j+1))
        plt.scatter(iris[:,i],iris[:,j])  # 绘制散点图
        plt.xlabel(name[i])
        plt.ylabel(name[j])
plt.show()
```

程序运行结果如图 3.47 所示。

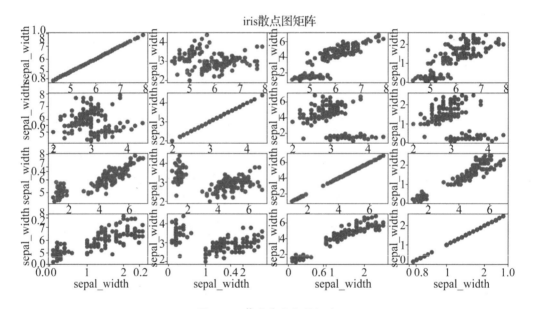

图 3.47 鸢尾花散点图矩阵

（3）绘制箱线图。

代码如下。

```
import numpy as np
import matplotlib.pyplot as plt
data = np.random.normal(size =100 , loc = 0 , scale = 1)
plt.boxplot(data , sym='o' , whis=0.05)
print(data)
plt.show()
```

程序运行结果如图 3.48 所示。

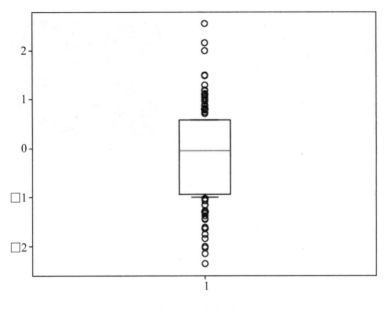

图 3.48 箱线图

第四部分
自 测 题

第1套 自测题

一、填空题（共10题，共计10分）

1. 大数据的四个主要特征即 4V，是指_____、种类多、速度快、价值密度低。

2. 数据可视化的基本特征为易懂性、必然性、片面性、_____。

3. 云计算的三种模式是公有云、私有云和_____。

4. 大数据的处理过程包括数据采集、数据预处理、数据存储、数据分析和数据挖掘、_____。

5. 人工智能分为弱人工智能、强人工智能、_____。

6. 大数据清洗是指去掉其中的"脏数据"，包括不完整数据、错误数据和_____三类数据。

7. Hadoop 的核心是 MapReduce 和_____。

8. 从大数据中提取有用的信息和知识的过程，称为_____。

9. Python 语言的基本程序结构是顺序结构、选择结构和_____结构。

10. MapReduce 将计算过程抽象成两个函数，即_____和 reduce 函数。

二、判断题（共10题，共计10分）

1. 隐藏层主要包括卷积层、全连接层、池化层、归一化指数层、激活层等。

　　　　　　　　　　　　　　　　　　　　　　　　　　　　（　　）

2. 给定样本和标注的机器学习是有监督学习。　　　　　　　（　　）

3. 数据可视化可以便于人们对数据的理解。　　　　　　　　（　　）

4. 神经网络训练的过程就是最小化损失函数的过程。　　　　（　　）

5. Python 是一种计算机程序设计语言，是一种动态的、面向对象的脚本语言。

　　　　　　　　　　　　　　　　　　　　　　　　　　　　（　　）

6. 决策树是一种基于树形结构的预测模型，每一个树形分叉代表一个分类条件，叶子节点代表最终的分类结果，其优点在于易于实现，决策时间短，并且适合处理非数值型数据。（　　）

7. 对于大数据而言，最基本、最重要的要求就是减少错误、保证质量。因此，大数据收集的信息要尽量精确。（　　）

8. 大数据技术和云计算技术是两个不相关的技术。（　　）

9. 自动驾驶行业发展的瓶颈主要在于，这些人工智能底层技术上能否实现突破。（　　）

10. Spark 可以高效地完成迭代计算，基于外存完成，实时性不好。（　　）

三、单选题（共 10 题，共计 10 分）

1. 对一组顺序、大量、快速、连续到达的实时数据进行计算分析，捕捉有用信息的过程称为（　　）。
　　A. 批处理计算　　B. 图计算　　　　C. 流计算　　　　D. 查询分析计算

2. 云计算的两大核心问题，一是分布式存储，二是（　　）。
　　A. 大数据计算　　B. 大数据处理　　C. 大数据分析　　D. 分布式处理

3. 要让机器具有智能，必须让机器具有知识。因此，在人工智能中有一个研究领域，主要研究的是计算机如何获取知识和技能，实现自我完善。专门研究该分支的学科称为（　　）。
　　A. 专家系统　　　B. 机器学习　　　C. 神经网络　　　D. 模式识别

4. 用于大数据存储的设备是（　　）。
　　A. 大容量硬盘　　B. 移动硬盘　　　C. 光盘　　　　　D. 分布式磁盘阵列

5. 人工智能又称（　　）。
　　A. IT　　　　　　B. DT　　　　　　C. AI　　　　　　D. ES

6. 被誉为"人工智能之父"的科学家是（　　）。
　　A. 明斯基　　　　B. 图灵　　　　　C. 辛顿　　　　　D. 冯·诺依曼

7. 随着物联网技术与互联网经济的发展，人类生产数据的能力在增强，遵循的定律是（　　）。
　　A. 摩尔定律　　　B. 高斯定律　　　C. 图灵定律　　　D. 戴尔定律

8. 以下不是 NoSQL 的特点的是（　　）。
　　A. 灵活的可扩展性　　　　　　　　B. 灵活的数据模型
　　C. 与云的紧密结合性　　　　　　　D. 适合进行复杂结构的数据查询

9. （　　）不属于云计算的服务方式。
　　A. IaaS　　　　　B. PaaS　　　　　C. SaaS　　　　　D. CaaS

10. 大数据的预处理过程包括数据清洗、数据转换、数据集成和（　　）。
　　A. 数据存储　　　B. 数据挖掘　　　C. 数据归约　　　D. 数据分析

四、计算分析题（共5题，共计40分）

1. 人工神经网络池化层（pooling layer）的作用是减少训练参数，对原始特征信号进行采样。采样后不丢失有效数据。将图 4.1（a）的 4×4（16 维）向量按最大值池化（max-pooling）压缩成 2×2（4 维）向量，减到 1/4。请将结果填入图 4.1（b）。

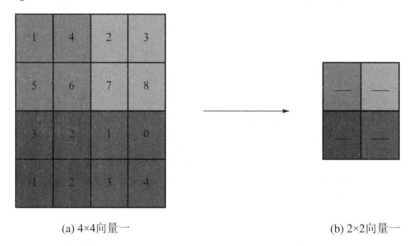

(a) 4×4向量一   (b) 2×2向量一

图 4.1　人工神经网络池化层一

2. 关联规则反映一个事物与其他事物之间的相互依存性和关联性，如果两个事物或者多个事物之间存在一定的关联关系，那么其中一个事物就能够通过其他事物被预测到。

关联规则分析的两个重要度量指标是支持度和可信度。支持度是指 $X \rightarrow Y$ 在交易数据中同时包含 X 和 Y 的百分比；可信度是指既包含了 X 又包含了 Y 的事物数量占所有包含了 X 的事物的百分比。请根据表 4-1 的条件计算关联规则的支持度和可信度，并将计算结果填进表 4-2。

表 4-1　计算条件一

交易数据	数据项
T1	A,B,D
T2	A,B,C
T3	A,C,D,E
T4	A,B,C
T5	A,B,C,D

表 4-2　支持度和可信度一

关联规则	支持度	可信度
A→B	80%	＿＿＿
B→A	＿＿＿	＿＿＿
B→C	＿＿＿	＿＿＿
C→B	＿＿＿	75%

3. 用 Python 语言编程，求 1+2+…+100 的和，请补全下列代码。

```
i=_____
s=0
while i<=_____ :
    s=s+i
    i=_____
print("1+2+3+...+100=",s)
```

4. 用 Python 语言编程，实现从键盘输入一个字符 ch，判断它是英文字母、数字或其他字符。

5. 根据表 4-3 的数据集构造决策树分类模型（找到根节点即可，即首先分裂的属性），回答下列问题。

表 4-3　数据集构造决策树分类模型一

收入水平	固定收入	VIP	类别：提供贷款
中	否	否	是
低	是	否	是
低	是	是	否
中	是	否	是
中	否	是	否

（1）计算按各属性分裂所得到的熵值，补全下列公式的①、②处。参考数据：$\log_2 3=1.5849$。计算每步均四舍五入保留小数点后四位。

$$E(D,收入水平)=\frac{①}{5}(-\frac{2}{3}\log_2\frac{2}{3}-\frac{1}{3}\log_2\frac{1}{3})+\frac{2}{5}(-\frac{1}{2}\log_2\frac{1}{2}-\frac{1}{2}\log_2\frac{1}{2})$$
$$=0.6\times[-0.6667\times(1-1.5849)-0.3333\times(0-1.5849)]+0.4\times1$$
$$=0.6\times[(0.6667\times0.5849)+0.3333\times1.5849)]+0.4$$
$$=0.6\times(0.3900+0.5282)+0.4=0.5509+0.4=0.9509$$

$$E(D,固定收入) = \frac{3}{5}(-\frac{2}{3}\log_2\frac{2}{3} - \frac{1}{3}\log_2\frac{1}{3}) + \frac{2}{5}(-\frac{1}{2}\log_2\frac{1}{2} - \frac{1}{2}\log_2\frac{1}{2})$$

$$= 0.6 \times [-0.6667 \times (1-1.5849) - 0.3333 \times (0-1.5849)] + 0.4 \times 1$$

$$= 0.6 \times [(0.6667 \times 0.5849) + 0.3333 \times 1.5849)] + 0.4$$

$$= 0.6 \times (0.3900 + 0.5282) + 0.4 = 0.5509 + 0.4 = 0.9509$$

$$E(D,\text{VIP}) = \frac{3}{②}(-\frac{3}{3}\log_2\frac{3}{3}) + \frac{2}{5}(-\frac{2}{2}\log_2\frac{2}{2}) = 0 + 0 = 0$$

（2）比较上述计算的按照三个属性分裂所得到的熵值，可以得到如下结论：根据上述数据集构造决策树分类模型，根节点应该为属性_____，因为按照该属性分裂所得到的熵值最_____（填高或低）。

五、简答题（共 5 题，共计 30 分）

1. 什么是云计算？
2. 什么是机器学习？
3. 什么是数据挖掘？
4. 什么是数据仓库技术？
5. NoSQL 数据库有哪四种？

第 2 套　自测题

一、填空题（共 10 题，共计 10 分）

1. Python 语言的基本程序结构是顺序结构、选择结构和_____结构。

2. 2015 年 4 月 14 日，在我国的_____市，"大数据交易所"开始正式运营。

3. 云计算的特征是虚拟化和_____。

4. _____方法是一种将复杂问题变换为比较简单的子问题，子问题再转换为更简单的子问题，最终将问题转换为对本原问题的知识表示方法。

5. 神经网络的网络层包括输入层、输出层和_____。

6. 人工智能的英文缩写是_____。

7. 大数据的特征有价值密度低、容量大、_____、种类多等。

8. 专家系统由六个部分组成：人机交互界面、综合数据库、解释器、知识获取、知识库和_____。

9. 机器学习有两种方式，一个是有监督学习，另一个是_____。

10. 大数据可视化方法中的科学可视化分为标量场可视化、_____、张量场可视化。

二、判断题（共 10 题，共计 10 分）

1. 卷积层的作用是提取图像的二维特征，通过不同的算子（不同的卷积层）处理，可以检测图像不同边缘。　　　　　　　　　　　　　　　　　　　　（　　）

2. Hadoop 是一个能够对大量数据进行分布式处理的软件，实现可靠、高效、可伸缩方式的数据处理。　　　　　　　　　　　　　　　　　　　　　（　　）

3. 有道翻译用到了语音识别技术。　　　　　　　　　　　　　　　　（　　）

4. 在 Python 语言中，增加缩进表示语句块的开始，而减少缩进则表示语句块的退出，缩进成为语法的一部分。　　　　　　　　　　　　　　　　　　　（　　）

5. 人机对弈指的是人与机器下围棋。　　　　　　　　　　　　　　　（　　）

6. 一般而言，分布式数据库是指物理上分散在不同地点，但在逻辑上是统一的数据库。因此分布式数据库具有物理上的独立性、逻辑上的一体性、性能上的可扩展性等特点。　　　　　　　　　　　　　　　　　　　　　　　　　　　（　　）

7. AlphaGo Zero 属于有监督学习。　　　　　　　　　　　　　　　（　　）

8. 单向多层结构人工神经网络，即各神经元从输入层开始，只接收上一层的输出并输出到下一层，直至输出层，整个网络中无反馈。 （　　　）

9. 数据的真实性和高密度价值都是大数据的特征。 （　　　）

10. 隐藏层主要包括卷积层、全连接层、池化层、归一化指数层、激活层等。

（　　　）

三、单选题（共 10 题，共计 10 分）

1. 第一个提出大数据概念的公司是（　　　）。

　　A. 微软公司　　　　B. 谷歌公司　　　　C. 麦肯锡公司　　　D. 脸谱公司

2. Hadoop 的图标是（　　　）。

　　A. 鹰　　　　　　　B. 大象　　　　　　C. 蛇　　　　　　　D. 狗

3. 具体来说，摩尔定律就是每（　　　）个月，产品的性能将提高一倍。

　　A. 12　　　　　　　B. 6　　　　　　　　C. 18　　　　　　　D. 16

4. 下列关于不确定性知识描述错误的是（　　　）。

　　A. 不确定性知识是不可以精确表示的

　　B. 专家知识通常属于不确定性知识

　　C. 不确定性知识是经过处理过的知识

　　D. 不确定性知识的事实与结论的关系不是简单的"是"或"不是"

5. 智慧城市的构建，不包含（　　　）。

　　A. 数字城市　　　　B. 物联网　　　　　C. 联网监控　　　　D. 云计算

6. 1956 年在美国的（　　　），举行了人工智能第一次学术研讨会。

　　A. 波士顿大学　　　B. 纽约大学　　　　C. 哈佛大学　　　　D. 达特茅斯学院

7. 关于大数据的来源，不正确的是（　　　）。

　　A. 互联网　　　　　B. 企业活动　　　　C. 科学实验　　　　D. 长期数据积累

8. 首次提出"人工智能"是在（　　　）年。

　　A. 1946　　　　　　B. 1960　　　　　　C. 1916　　　　　　D. 1956

9. 5G 的含义是（　　　）。

　　A. 第五代移动通信网络　　　　　　　　B. 第五代互联网

　　C. 物联网技术　　　　　　　　　　　　D. 第五代 Wi-Fi 技术

10. 以下不是 MapReduce 的特点的是（　　　）。

　　A. 基于外存工作　　　　　　　　　　　B. 批处理运算，吞吐量大

　　C. 不支持实时处理　　　　　　　　　　D. 基于内存工作

四、计算分析题（共 5 题，共计 40 分）

1. 根据表 4-4 的数据集构造决策树分类模型（找到根节点即可，即首先分裂的属性），回答下面问题。

表 4-4　数据集构造决策树分类模型二

经济状况	信用级别	月收入/元	购买汽车
一般	优秀	>10000	是
好	优秀	>10000	是
一般	优秀	<8000	是
一般	良好	[8000,10000]	否
一般	良好	[8000,10000]	否
一般	优秀	<8000	是
好	一般	>10000	是
一般	一般	[8000,10000]	否
一般	良好	<8000	是
好	良好	>10000	是

（1）计算按各属性分裂所得到的熵值，补全下列公式的①、②处。参考数据：$\log_2 3=1.5849$，$\log_2 7=2.8074$，以下计算每步均四舍五入保留小数点后四位。

$$E\left(D,经济状况\right)=\frac{7}{10}\left(-\frac{①}{7}\log_2\frac{4}{7}-\frac{3}{7}\log_2\frac{3}{7}\right)+\frac{3}{10}\left(-\frac{3}{3}\log_2\frac{3}{3}\right)=0.6897$$

$$E\left(D,信用级别\right)=\frac{4}{10}\left(-\frac{4}{4}\log_2\frac{4}{4}\right)+\frac{②}{10}\left(-\frac{2}{4}\log_2\frac{2}{4}-\frac{2}{4}\log_2\frac{2}{4}\right)+\frac{2}{10}\left(-\frac{1}{2}\log_2\frac{1}{2}-\frac{1}{2}\log_2\frac{1}{2}\right)$$
$$=0.6$$

$$E\left(D,月收入\right)=\frac{4}{10}\left(-\frac{4}{4}\log_2\frac{4}{4}\right)+\frac{3}{10}\left(-\frac{3}{3}\log_2\frac{3}{3}\right)+\frac{3}{10}\left(-\frac{3}{3}\log_2\frac{3}{3}\right)=0$$

（2）比较上述计算的按照三个属性分裂所得到的熵值，可以得到如下结论：根据上述数据集构造决策树分类模型，根节点应该为属性_____，因为按照该属性分裂所得到的熵值最_____（填高或低）。

2. 人工神经网络池化层的作用是减少训练参数，对原始特征信号进行采样。采样后不丢失有效数据。将图 4.2（a）的 4×4（16 维）向量按平均值池化压缩成 2×2（4 维）向量，减到 1/4。请将结果填入图 4.2（b）。

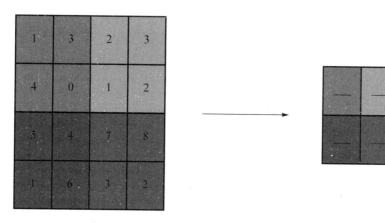

(a) 4×4向量二 (b) 2×2向量二

图 4.2 人工神经网络池化层二

3. 已知表 4-5 的 14 行数据，每个数据有四个特征：年龄、收入水平、固定收入、VIP。令 C1 对应"是"，C2 对应"否"，回答下列问题（数据结果保留两位小数）。

表 4-5 数据集构造决策树分类模型三

No.	年龄	收入水平	固定收入	VIP	类别：提供贷款
1	<30	高	否	否	否
2	<30	高	否	是	否
3	[30,50]	高	否	否	是
4	>50	中	否	否	是
5	>50	低	是	否	是
6	>50	低	是	是	否
7	[30,50]	低	是	是	是
8	<30	中	否	否	否
9	=30	低	是	否	是
10	>50	中	是	否	是
11	<30	中	是	是	是
12	[30,50]	中	否	是	是
13	[30,50]	高	是	否	是
14	>50	中	否	是	否

（1）C1 有＿＿＿＿＿＿＿个样本，C2 有＿＿＿＿＿＿＿个样本，所以数据集 D 的熵为＿＿＿＿＿。

（2）若以"年龄"作为分裂属性，则产生三个子集（因为该属性有三个不同的取值），所以 D 按照属性"年龄"划分出的三个子集的熵的加权和为＿＿＿＿＿；若以"收入水平"为分裂属性，划分出的三个子集的熵的加权和为＿＿＿＿＿；若以"固定收入"为分裂属性，划分出的三个子集的熵的加权和为＿＿＿＿＿；若以"VIP"为分裂属性，划分出的三个子集的熵的加权和为＿＿＿＿＿。

提示信息如下。

$$I\left(s_1, s_2, \ldots, s_z\right) = -\sum_{i=1}^{z} \frac{s_i}{s} \log_2 \frac{s_i}{s}$$

$$\log_2 \frac{9}{14} = -0.637 \quad \log_2 \frac{5}{14} = -1.485 \quad \log_2 \frac{3}{5} = -0.737$$

$$\log_2 \frac{2}{5} = -1.322 \quad \log_2 \frac{1}{2} = -1 \quad \log_2 \frac{2}{3} = -0.585$$

$$\log_2 \frac{1}{3} = -1.585 \quad \log_2 \frac{3}{4} = -0.415 \quad \log_2 \frac{1}{4} = -2$$

$$\log_2 \frac{4}{7} = -0.807 \quad \log_2 \frac{3}{7} = -1.222 \quad \log_2 \frac{6}{7} = -0.222 \quad \log_2 \frac{1}{7} = -2.807$$

（3）根据结果构造的决策树为以＿＿＿＿＿＿＿作为根节点。

4. 用 Python 语言编程，求 1～100 中的奇数和，请补全下列代码。

```
i=____
s=0
while  i<=____ :
    s=s+i
    i=____
print("1+3+5...+99=", s)
```

5. 关于云存储，请回答下列问题。

（1）云是一种基于＿＿＿＿＿＿＿的计算方式，通过这种方式，可提供可用的、便捷的、按需的网络访问，可共享计算机软硬件＿＿＿＿＿＿＿和信息，可以按需提供给计算机和其他设备。

（2）很多 IT 企业都建立了自己的云存储空间，目前我们常用的可以使用的云有＿＿＿＿＿＿＿云、＿＿＿＿＿＿＿云和＿＿＿＿＿＿＿云等。

五、简答题（共 5 题，共计 30 分）

1. NoSQL 数据库有哪四种?
2. 大数据分析的目的是什么?
3. 大数据分析目前采用的四种方法是什么?
4. 数据预处理的主要任务是什么?
5. 什么是强化学习?

第3套　自测题

一、填空题（共10题，共计10分）

1. 云计算的三种模式是公有云、私有云和_____。

2. 数据可视化的基本特征为易懂性、必然性、片面性、_____。

3. 大数据的处理过程包括数据采集、数据预处理、数据存储、数据分析、数据挖掘和_____。

4. Python 语言的基本程序结构是顺序结构、选择结构和_____结构。

5. 大数据的四个主要特征即 4V，是指_____、种类多、速度快、价值密度低。

6. MapReduce 将计算过程抽象成两个函数，即_____和 reduce 函数。

7. 从大数据中提取有用的信息和知识的过程，称为_____。

8. 人工智能分为弱人工智能、强人工智能和_____。

9. Hadoop 的核心是 MapReduce 和_____。

10. 大数据清洗是指去掉其中的"脏数据"，包括不完整数据、错误数据和_____三类数据。

二、判断题（共10题，共计10分）

1. Hadoop 是 Apache 软件基金会旗下的一个闭源分布式计算平台，为用户提供了系统底层细节透明的分布式基础架构。　　　　　　　　　　　　　　（　　）

2. 机器学习中分类和回归是一种无监督学习。　　　　　　　　　（　　）

3. 大数据中绝大部分数据是结构化数据。　　　　　　　　　　　（　　）

4. 大数据是企业和社会的重要战略资源。　　　　　　　　　　　（　　）

5. 达到人类级别的人工智能，一般指在各方面都能和人类比肩的人工智能，人类能干的脑力活它都能干，这是强人工智能。　　　　　　　　　　　　（　　）

6. 无论从用户数量、活跃度还是交互流量来看，微软小冰均是目前全球最大规模流量的对话式人工智能产品。　　　　　　　　　　　　　　　　　（　　）

7. Python 是一种计算机程序设计语言，是一种动态的、面向对象的脚本语言。
　　　　　　　　　　　　　　　　　　　　　　　　　　　　　（　　）

8. 支持向量机是寻找最大化样本间隔的边界。　　　　　　　　　（　　）

9. 2016 年 3 月，AlphaGo 击败国际象棋大师卡斯帕罗夫。　　　　　　　（　　　）

10. 利用数据融合、数学模型、仿真技术等，可以逼近事物的本质，可以揭示出原来没有想到或难以展现的关联，大大提升政府决策的科学性。　　　　　　　（　　　）

三、单选题（共 10 题，共计 10 分）

1. 大数据的最显著特征是（　　　）。

　　A. 数据规模大　　　　　　　　　　B. 数据类型多样

　　C. 数据处理速度快　　　　　　　　D. 数据价值密度高

2. 5G 的含义是（　　　）。

　　A. 第五代移动通信网络　　　　　　B. 第五代互联网

　　C. 物联网技术　　　　　　　　　　D. 第五代 Wi-Fi 技术

3. 第一个提出大数据概念的公司是（　　　）。

　　A. 微软公司　　　　B. 谷歌公司　　　　C. 麦肯锡公司　　　　D. 脸谱公司

4. 以下不是 MapReduce 的特点的是（　　　）。

　　A. 基于外存工作　　　　　　　　　B. 批处理运算，吞吐量大

　　C. 不支持实时处理　　　　　　　　D. 基于内存工作

5. 首次提出"人工智能"是在（　　　）年。

　　A. 1946　　　　　B. 1960　　　　　C. 1916　　　　　D. 1956

6. 关于大数据的来源不正确的是（　　　）。

　　A. 互联网　　　　B. 企业活动　　　　C. 科学实验　　　　D. 长期数据积累

7. 1956 年在美国的（　　　），举行了人工智能第一次聚会。

　　A. 波士顿大学　　　B. 纽约大学　　　C. 哈佛大学　　　　D. 达特茅斯学院

8. Hadoop 的图标是（　　　）。

　　A. 鹰　　　　　　B. 大象　　　　　C. 蛇　　　　　　D. 狗

9. 智慧城市的构建，不包含（　　　）。

　　A. 数字城市　　　B. 物联网　　　　C. 联网监控　　　　D. 云计算

10. 下列关于不确定性知识描述错误的是（　　　）。

　　A. 不确定性知识是不可以精确表示的

　　B. 专家知识通常属于不确定性知识

　　C. 不确定性知识是经过处理过的知识

　　D. 不确定性知识的事实与结论的关系不是简单的"是"或"不是"

四、计算分析题（共 5 题，共计 40 分）

1. 根据表 4-6 的数据集构造决策树分类模型（找到根节点即可，即首先分裂的属性），回答下列问题。

表 4-6　数据集构造决策树分类模型四

收入水平	固定收入	VIP	类别：提供贷款
高	否	否	否
高	否	是	否
中	否	否	否
低	是	否	是
中	是	是	是

（1）计算按各属性分裂所得到的熵值，补全下列公式的①、②处。参考数据：$\log_2 3 = 1.5849$。计算每步均四舍五入保留小数点后四位。

$$E(D, 收入水平) = \frac{①}{5}(-\frac{2}{2}\log_2\frac{2}{2}) + \frac{2}{5}(-\frac{1}{2}\log_2\frac{1}{2} - \frac{1}{2}\log_2\frac{1}{2}) + \frac{1}{5}(-\frac{1}{1}\log_2\frac{1}{1})$$
$$= 0 + 0.4 \times 1 + 0 = 0.4$$

$$E(D, 固定收入) = \frac{3}{②}(-\frac{3}{3}\log_2\frac{3}{3}) + \frac{2}{5}(-\frac{2}{2}\log_2\frac{2}{2}) = 0 + 0 = 0$$

$$E(D, \text{VIP}) = \frac{3}{5}(-\frac{2}{3}\log_2\frac{2}{3} - \frac{1}{3}\log_2\frac{1}{3}) + \frac{2}{5}(-\frac{1}{2}\log_2\frac{1}{2} - \frac{1}{2}\log_2\frac{1}{2})$$
$$= 0.6 \times [-0.6667 \times (1-1.5849) - 0.3333 \times (0-1.5849)] + 0.4 \times 1$$
$$= 0.6 \times [(0.6667 \times 0.5849) + 0.3333 \times 1.5849] + 0.4$$
$$= 0.6 \times (0.3900 + 0.5282) + 0.4 = 0.5509 + 0.4 = 0.9509$$

（2）比较上述计算的按照三个属性分裂所得到的熵值，可以得到如下结论：根据上述数据集构造决策树分类模型，根节点应该为属性_____，因为按照该属性分裂所得到的熵值最_____（填高或低）。

2. 人工神经网络池化层的作用是减少训练参数，对原始特征信号进行采样。采样后不丢失有效数据。将图 4.3（a）的 4×4（16 维）向量按平均值池化压缩成 2×2（4 维）向量，减到 1/4。请将结果填入图 4.3（b）。

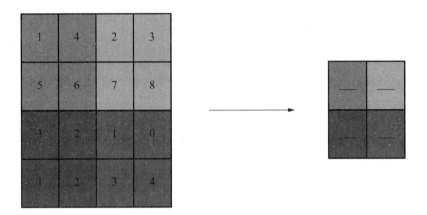

(a) 4×4向量三 　　　　　　　　　　　　　(b) 2×2向量三

图 4.3 　人工神经网络池化层三

3. 用 Python 语言编程，求 1～100 中的偶数和，请补全下列代码。

```
i=____
s=0
while  i<=____ :
    s=s+i
    i=____
print("2+4+6...+100=", s)
```

4. 关于大数据处理，请回答下列问题。

（1）大数据的处理流程分为大数据采集、_____、大数据存储、大数据挖掘、_____、_____，从而实现数据的存储、分析、图示等一系列过程。

（2）大数据预处理的方法主要包括数据清洗、_____、数据变换和_____。

5. 关联规则反映一个事物与其他事物之间的相互依存性和关联性。如果两个事物或者多个事物之间存在一定的关联关系，那么其中一个事物就能够通过其他事物被预测到。

关联规则分析的两个重要度量指标是支持度和可信度。支持度是指 $X \rightarrow Y$ 在交易数据中同时包含 X 和 Y 的百分比；可信度是指既包含了 X 又包含了 Y 的事物数量占所有包含了 X 的事物的百分比。请根据表 4-7 的条件计算关联规则的支持度和可信度，并将计算结果填入表 4-8。

表 4-7   计算条件二

交易数据	数据项
T1	A,B,C,D
T2	A,B
T3	A,D,E
T4	B,C
T5	A,B,C

表 4-8   支持度和可信度二

关联规则	支持度	可信度
A→B	60%	——
B→A	——	——
B→C	——	——
C→B	——	100%

五、简答题（共 5 题，共计 30 分）

1. 什么是数据挖掘？
2. 数据挖掘算法有哪些？请举例。
3. 什么是强化学习？
4. NoSQL 数据库有哪四种？
5. 什么是大数据的采集？

第4套　自测题

一、填空题（共 10 题，共计 10 分）

1. 20 世纪三大科学技术成就是空间技术、原子能技术和_____。

2. 数据库处理的数据内容是当前数据，数据仓库处理的数据内容是_____。

3. _____方法是一种将复杂问题变换为比较简单的子问题，子问题再转换为更简单的子问题，最终将问题转换为对本原问题的知识表示方法。

4. 数据挖掘就是从大量的、不完全的、_____、模糊的、随机的实际数据中，提取隐含在其中的、人们事先不知道的，但又是潜在有用的信息和知识的过程。

5. 文字识别、图像识别都属于人工智能的_____范畴。

6. 我国的大数据中心建在_____。

7. 第一个成功专家系统 DENDRAL 是应用在_____方面。

8. 用二维表的形式来组织和管理数据，称为_____数据库。

9. Python 语言的基本程序结构是顺序结构、选择结构和_____结构。

10. Hadoop 的核心是 MapReduce 和_____。

二、判断题（共 10 题，共计 10 分）

1. 单向多层结构人工神经网络，即各神经元从输入层开始，只接收上一层的输出并输出到下一层，直至输出层，整个网络中无反馈。　　　　　（　　）

2. 一般而言，分布式数据库是指物理上分散在不同地点，但在逻辑上是统一的数据库。因此分布式数据库具有物理上的独立性、逻辑上的一体性、性能上的可扩展性等特点。　　　　　（　　）

3. 人机对弈指的是人与机器下围棋。　　　　　（　　）

4. 数据的真实性和高密度价值都是大数据的特征。　　　　　（　　）

5. 隐藏层主要包括卷积层、全连接层、池化层、归一化指数层、激活层等。
　　　　　（　　）

6. AlphaGo Zero 属于有监督学习。　　　　　（　　）

7. Hadoop 是一个能够对大量数据进行分布式处理的软件，实现可靠、高效、可伸缩方式的数据处理。

8. 1977 年，费根鲍姆在第五届国际人工智能联合会议上提出了"知识工程"概念，推动了知识为中心的研究。 （　　）

9. 在 Python 语言中，增加缩进表示语句块的开始，而减少缩进则表示语句块的退出，缩进成为语法的一部分。 （　　）

10. 卷积层的作用是提取图像的二维特征，通过不同的算子（不同的卷积层）处理，可以检测图像不同边缘。 （　　）

三、单选题（共 10 题，共计 10 分）

1. 人工智能的英文缩写为（　　）。
   A. IT　　　　　　B. DT　　　　　　C. AI　　　　　　D. ES

2. 对一组顺序、大量、快速、连续到达的实时数据进行计算分析，捕捉有用信息的过程称为（　　）。
   A. 批处理计算　　B. 图计算　　　　C. 流计算　　　　D. 查询分析计算

3. 以下不是 NoSQL 的特点的是（　　）。
   A. 灵活的可扩展性　　　　　　　　B. 灵活的数据模型
   C. 与云的紧密结合性　　　　　　　D. 适合进行复杂结构的数据查询

4. 随着物联网技术与互联网经济的发展，人类生产数据的能力在增强，其遵循的定律是（　　）。
   A. 摩尔定律　　　　　　　　　　　B. 高斯定律
   C. 图灵定律　　　　　　　　　　　D. 戴尔定律

5. （　　）不属于云计算的服务方式。
   A. IaaS　　　　　　B. PaaS　　　　　C. SaaS　　　　　D. CaaS

6. 大数据的预处理过程包括数据清洗、数据转换、数据集成和（　　）。
   A. 数据存储　　　B. 数据挖掘　　　C. 数据归约　　　D. 数据分析

7. 用于大数据存储的设备是（　　）。
   A. 大容量硬盘　　B. 移动硬盘　　　C. 光盘　　　　　D. 分布式磁盘阵列

8. 云计算的两大核心问题，一是分布式存储，二是（　　）。
   A. 大数据计算　　B. 大数据处理　　C. 大数据分析　　D. 分布式处理

9. 要让机器具有智能，必须让机器具有知识。因此在人工智能中有一个研究领域主要研究的是计算机如何获取知识和技能，实现自我完善，专门研究该分支的学科称为（　　）。
   A. 专家系统　　　B. 机器学习　　　C. 神经网络　　　D. 模式识别

10. 被誉为"人工智能之父"的科学家是（　　）。
   A. 明斯基　　　　B. 图灵　　　　　C. 辛顿　　　　　D. 冯·诺依曼

四、计算分析题（共5题，共计40分）

1. 根据表 4-9 的数据集构造决策树分类模型（找到根节点即可，即首先分裂的属性），回答下列问题。

表 4-9　数据集构造决策树分类模型五

是否有房	婚姻状况	年收入	类别：是否拖欠贷款
是	已婚	≤30 万元	是
否	未婚	≤30 万元	是
否	未婚	>30 万元	否
是	未婚	≤30 万元	是
是	已婚	>30 万元	否

（1）计算按各属性分裂所得到的熵值，补全下列公式的①、②处。参考数据：$\log_2 3=1.5849$。计算每步均四舍五入保留小数点后四位。

$$E(D,是否有房)=\frac{①}{5}(-\frac{2}{3}\log_2\frac{2}{3}-\frac{1}{3}\log_2\frac{1}{3})+\frac{2}{5}(-\frac{1}{2}\log_2\frac{1}{2}-\frac{1}{2}\log_2\frac{1}{2})$$
$$=0.6\times[-0.6667\times(1-1.5849)-0.3333\times(0-1.5849)]+0.4\times1$$
$$=0.6\times[(0.6667\times0.5849)+0.3333\times1.5849)]+0.4$$
$$=0.6\times(0.3900+0.5282)+0.4=0.5509+0.4=0.9509$$

$$E(D,婚姻状况)=\frac{3}{5}(-\frac{2}{3}\log_2\frac{2}{3}-\frac{1}{3}\log_2\frac{1}{3})+\frac{2}{5}(-\frac{1}{2}\log_2\frac{1}{2}-\frac{1}{2}\log_2\frac{1}{2})$$
$$=0.6\times[-0.6667\times(1-1.5849)-0.3333\times(0-1.5849)]+0.4\times1$$
$$=0.6\times[(0.6667\times0.5849)+0.3333\times1.5849)]+0.4$$
$$=0.6\times(0.3900+0.5282)+0.4=0.5509+0.4=0.9509$$

$$E(D,年收入)=\frac{3}{②}(-\frac{3}{3}\log_2\frac{3}{3})+\frac{2}{5}(-\frac{2}{2}\log_2\frac{2}{2})=0+0=0$$

（2）比较上述计算的按照三个属性分裂所得到的熵值，可以得到如下结论：根据上述数据集构造决策树分类模型，根节点应该为属性_____，因为按照该属性分裂所得到的熵值最_____（填高或低）。

2. 关联规则反映一个事物与其他事物之间的相互依存性和关联性。如果两个事物或者多个事物之间存在一定的关联关系，那么其中一个事物就能够通过其他事物被预测到。

关联规则分析的两个重要度量指标：支持度和可信度。支持度是指 $X{\rightarrow}Y$ 在交易数

据中同时包含 X 和 Y 的百分比；可信度是指既包含了 X 又包含了 Y 的事物数量占所有包含了 X 的事物的百分比。请根据表 4-10 的条件计算关联规则的支持度和可信度，并将计算结果填入表 4-11。

表 4-10　计算条件三

交易数据	数据项
T1	A,B,C,D
T2	A,B
T3	A,D,E
T4	B,C
T5	A,B,C

表 4-11　支持度和可信度三

关联规则	支持度	可信度
A→B	60%	＿＿
B→A	＿＿	＿＿
B→C	＿＿	＿＿
C→B	＿＿	100%

3. 根据表 4-12 的数据集构造决策树分类模型（找到根节点即可，即首先分裂的属性），回答下列问题。

表 4-12　数据集构造决策树分类模型六

色泽	敲声	触感	类别：好瓜
青绿	清脆	软粘	是
乌黑	沉闷	软粘	是
乌黑	沉闷	硬滑	否
青绿	沉闷	软粘	是
青绿	清脆	硬滑	否

（1）计算按各属性分裂所得到的熵值，补全下列公式的①、②处。参考数据：$\log_2 3=1.5849$。计算每步均四舍五入保留小数点后四位。

$$E(D,色泽) = \frac{①}{5}(-\frac{2}{3}\log_2\frac{2}{3} - \frac{1}{3}\log_2\frac{1}{3}) + \frac{2}{5}(-\frac{1}{2}\log_2\frac{1}{2} - \frac{1}{2}\log_2\frac{1}{2})$$
$$= 0.6 \times [-0.6667 \times (1-1.5849) - 0.3333 \times (0-1.5849)] + 0.4 \times 1$$
$$= 0.6 \times [(0.6667 \times 0.5849) + (0.3333 \times 1.5849)] + 0.4$$
$$= 0.6 \times (0.3900 + 0.5282) + 0.4 = 0.5509 + 0.4 = 0.9509$$

$$E(D,敲声) = \frac{3}{5}(-\frac{2}{3}\log_2\frac{2}{3} - \frac{1}{3}\log_2\frac{1}{3}) + \frac{2}{5}(-\frac{1}{2}\log_2\frac{1}{2} - \frac{1}{2}\log_2\frac{1}{2})$$
$$= 0.6 \times [-0.6667 \times (1-1.5849) - 0.3333 \times (0-1.5849)] + 0.4 \times 1$$
$$= 0.6 \times [(0.6667 \times 0.5849) + (0.3333 \times 1.5849)] + 0.4$$
$$= 0.6 \times (0.3900 + 0.5282) + 0.4 = 0.5509 + 0.4 = 0.9509$$

$$E(D,触感) = \frac{3}{②}(-\frac{3}{3}\log_2\frac{3}{3}) + \frac{2}{5}(-\frac{2}{2}\log_2\frac{2}{2}) = 0 + 0 = 0$$

（2）比较上述计算的按照三个属性分裂所得到的熵值，可以得到如下结论：根据上述数据集构造决策树分类模型，根节点应该为属性_____，因为按照该属性分裂所得到的熵值最_____（填高或低）。

4. 用 Python 语言编程，求 1~100 中的奇数和，请补全下列代码。

```
sum = ____
for n in range(1, ____):
    if n % 2 == ____:
        sum = sum + n
print("1+3+5...+99=", sum)
```

5. 用 Python 语言编程，求解 1~100 之间能被 7 或 11 整除但不能同时被 7 和 11 整除的所有正整数并将它们输出，每行输出 10 个数。

五、简答题（共 5 题，共计 30 分）

1. 什么是数据仓库技术？

2. 什么是云计算？

3. 什么是强化学习？

4. 数据预处理的主要任务是什么？

5. 大数据分析目前采用的四种方法是什么？

第 5 套　自测题

一、填空题（共 10 题，共计 10 分）

1. 大数据的特征有价值密度低、容量大、_____、种类多等。

2. _____方法是一种将复杂问题变换为比较简单的子问题，子问题再转换为更简单的子问题，最终将问题转换为对本原问题的知识表示方法。

3. 云计算的特征是虚拟化和_____。

4. 人工智能的英文缩写叫_____。

5. 神经网络的网络层包括输入层、输出层和_____。

6. 专家系统由六个部分组成：人机交互界面、综合数据库、解释器、知识获取、知识库和_____。

7. 大数据可视化方法中的科学可视化分为标量场可视化、_____、张量场可视化。

8. 2015 年 4 月 14 日，在我国的_____市，"大数据交易所"开始正式运营。

9. 机器学习有两种方式，一个是有监督学习，另一个是_____。

10. Python 语言的基本程序结构是顺序结构、选择结构和_____结构。

二、判断题（共 10 题，共计 10 分）

1. Spark 可以高效地完成迭代计算，基于外存完成，但实时性不好。　　（　　）

2. 自动驾驶行业发展的瓶颈主要在于这些人工智能底层技术上能否实现突破。
　　　　　　　　　　　　　　　　　　　　　　　　　　　　　（　　）

3. Hadoop 是一个能够对大量数据进行分布式处理的软件，实现可靠、高效、可伸缩方式的数据处理。　　　　　　　　　　　　　　　　　　　（　　）

4. 对于大数据而言，最基本、最重要的要求就是减少错误、保证质量。因此，大数据收集的信息量要尽量精确。　　　　　　　　　　　　　　　　　（　　）

5. 给定样本和标注的机器学习是有监督学习。　　　　　　　　　　　（　　）

6. 大数据技术和云计算技术是两个不相关的技术。　　　　　　　　　（　　）

7. Python 是一种计算机程序设计语言，是一种动态的、面向对象的脚本语言。
　　　　　　　　　　　　　　　　　　　　　　　　　　　　　（　　）

8. 决策树是一种基于树形结构的预测模型，每一个树形分叉代表一个分类条件，叶子节点代表最终的分类结果，其优点在于易于实现、决策时间短，适合处理非数值型数据。　　　　　　　　　　　　　　　　　　　　　　　　　　　（　　）

9. 神经网络训练的过程就是最小化损失函数的过程。 （　　）
10. 隐藏层主要包括卷积层、全连接层、池化层、 归一化指数层、激活层等。
（　　）

三、单选题（共 10 题，共计 10 分）

1. 用于大数据存储的设备是（　　）。
　　A. 大容量硬盘　　B. 移动硬盘　　　C. 光盘　　　　　D. 分布式磁盘阵列

2. 获得 2018 年度图灵奖的科学家杰弗里·希尔顿的主要成就是（　　）。
　　A. 1986 年发表反向传播的论文　　　B. 用高维词向量来表征自然语言
　　C. 把神经网络和概率模型相结合　　D. 提出卷积神经网络

3. 设 A、B、C 三人中，有人从不说真话，也有人从不说假话。某人向这三个人分别提出同一个问题，A 答："B 和 C 都是说谎者"，B 答："A 和 C 都是说谎者"，C 答："A 和 B 中至少有一个是说谎者"。请推理谁是老实人，谁是说谎者。（　　）
　　A. A 是老实人，B 是说谎者　　　　B. A 是老实人，C 是说谎者
　　C. C 是老实人，A 是说谎者　　　　D. C 是老实人，B 是说谎者

4. 汽车导航中，可以优化出最佳的线路方案，属于大数据分析的（　　）类型。
　　A. 描述型分析　　B. 预测型分析　　C. 诊断型分析　　D. 指令型分析

5. 大数据时代，数据使用的关键是（　　）。
　　A. 数据收集　　　B. 数据存储　　　C. 数据分析　　　D. 数据再利用

6. 1P 字节=（　　）T 字节。
　　A. 1024　　　　　　　　　　　B. 1024×1024
　　C. 1024×1024×1024　　　　　　D. 1024×1024×1024×1024

7. 下列不是知识表示法的是（　　）。
　　A. 计算机表示法　　　　　　　B. 与或图表示法
　　C. 状态空间表示法　　　　　　D. 产生式规则表示法

8. 图像和音频/视频信息等数据是（　　）数据。
　　A. 结构化　　　B. 非结构化　　　C. 混合　　　D. 半结构化

9. 具体来说，摩尔定律就是每（　　）个月，产品的性能将提高一倍。
　　A. 12　　　　　B. 6　　　　　　C. 18　　　　　D. 16

10. 百度地图用到的是大数据在（　　）中的应用。
　　A. 智慧物流　　B. 智慧交通　　　C. 智慧医疗　　D. 智慧社区

四、计算分析题（共 5 题，共计 40 分）

1. 根据表 4-13 的数据集构造决策树分类模型（找到根节点即可，即首先分裂的属性），回答下列问题。

表 4-13　数据集构造决策树分类模型七

收入水平	固定收入	VIP	类别：提供贷款
中	否	否	是
低	是	否	是
低	是	是	否
中	是	否	是
中	否	是	否

（1）计算按各属性分裂所得到的熵值，补全下列公式的①、②处。参考数据：$\log_2 3=1.5849$。计算每步均四舍五入保留小数点后四位。

$$E(D,收入水平)=\frac{①}{5}(-\frac{2}{3}\log_2\frac{2}{3}-\frac{1}{3}\log_2\frac{1}{3})+\frac{2}{5}(-\frac{1}{2}\log_2\frac{1}{2}-\frac{1}{2}\log_2\frac{1}{2})$$
$$=0.6\times[-0.6667\times(1-1.5849)-0.3333\times(0-1.5849)]+0.4\times1$$
$$=0.6\times[(0.6667\times0.5849)+0.3333\times1.5849)]+0.4$$
$$=0.6\times(0.3900+0.5282)+0.4=0.5509+0.4=0.9509$$

$$E(D,固定收入)=\frac{3}{5}(-\frac{2}{3}\log_2\frac{2}{3}-\frac{1}{3}\log_2\frac{1}{3})+\frac{2}{5}(-\frac{1}{2}\log_2\frac{1}{2}-\frac{1}{2}\log_2\frac{1}{2})$$
$$=0.6\times[-0.6667\times(1-1.5849)-0.3333\times(0-1.5849)]+0.4\times1$$
$$=0.6\times[(0.6667\times0.5849)+0.3333\times1.5849)]+0.4$$
$$=0.6\times(0.3900+0.5282)+0.4=0.5509+0.4=0.9509$$

$$E(D,\text{VIP})=\frac{3}{②}(-\frac{3}{3}\log_2\frac{3}{3})+\frac{2}{5}(-\frac{2}{2}\log_2\frac{2}{2})=0+0=0$$

（2）比较上述计算的按照三个属性分裂所得到的熵值，可以得到如下结论：根据上述数据集构造决策树分类模型，根节点应该为属性_____，因为按照该属性分裂所得到的熵值最_____（填高或低）。

2. 人工神经网络池化层的作用是减少训练参数，对原始特征信号进行采样。采样后不丢失有效数据。将图 4.4（a）的 4×4（16 维）向量按最小值池化压缩成 2×2（4 维）向量，减到 1/4。

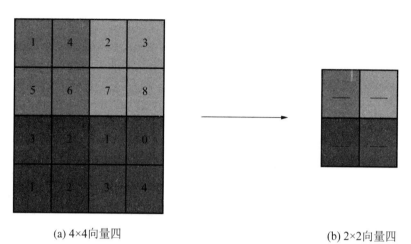

(a) 4×4向量四   (b) 2×2向量四

图 4.4   人工神经网络池化层四

3. 用 Python 语言编程，求 1~100 中的奇数和，请补全下列代码。

```
sum = ____
for n in range(1, ____):
    if n % 2 == ____:
        sum = sum + n
print("1+3+5...+99=", sum)
```

4. 关联规则反映一个事物与其他事物之间的相互依存性和关联性。如果两个事物或者多个事物之间存在一定的关联关系，那么其中一个事物就能够通过其他事物被预测到。

关联规则分析的两个重要度量指标是支持度和可信度。支持度是指 $X \to Y$ 在交易数据中同时包含 X 和 Y 的百分比；可信度是指既包含了 X 又包含了 Y 的事物数量占所有包含了 X 的事物的百分比。请根据表 4-14 的条件计算关联规则的支持度和可信度，并将计算结果填进表 4-15。

表 4-14   计算条件四

交易数据	数据项
T1	A,C,D
T2	A,B
T3	A,C,D,E
T4	B,C
T5	A,C

表 4-15　支持度和可信度四

关联规则	支持度	可信度
A→B	20%	——
B→A	——	——
B→C	——	——
C→B	——	25%

5. 请论述搜索引擎的工作原理。

（1）选取一部分精心挑选的_____。

（2）将这些 URL 放入_____。

（3）从待抓取 URL 队列中取出待抓取的 URL，并将 URL 对应的网页_____下来，存储进已下载网页库中。同时，将这些 URL 放进已抓取 URL 队列。

（4）分析_____中的 URL，分析其中的其他 URL，并且将 URL 放入待抓取的 URL 队列中，从而进入下一个_____。

五、简答题（共 5 题，共计 30 分）

1. SQL、NoSQL 和 NewSQL 的区别是什么?

2. 简述人工神经网络的隐藏层包含哪些功能?

3. 大数据分析的目的是什么?

4. NoSQL 数据库有哪四种?

5. 什么是机器学习?

附　　录

附录 A　Python 保留字

and	as	assert	break	class	continue def	del
elif	else	except	finally	for	from	False
global	if	import	in	is	lambda	nonlocal
not	None	or	pass	raise	return	try
True	while	with	yield			

附录 B　NumPy 库函数

NumPy 库函数及说明，详见表 B-1。使用 import numpy as np 语句导入 NumPy 库用 np 代替。

表 B-1　NumPy 库函数及说明

生成函数	说明
np.array(x)	将输入数据转化为一个 ndarray
np.array(x, dtype)	将输入数据转化为一个类型为 dtype 的 ndarray
np.asarray(array)	将输入数据转化为一个新的（copy）ndarray
np.ones(N)	生成一个 N 长度的一维全 1 ndarray
np.ones(N, dtype)	生成一个 N 长度、类型为 dtype 的一维全 1 ndarray
np.ones_like(ndarray)	生成一个形状与参数相同的全 1 ndarray
np.zeros(N)	生成一个 N 长度的一维全 0 ndarray
np.zeros(N, dtype)	生成一个 N 长度、类型为 dtype 的一维全 0 ndarray
np.zeros_like(ndarray)	类似 np.ones_like(ndarray)
np.empty(N)	生成一个 N 长度的未初始化一维 ndarray
np.empty(N, dtype)	生成一个 N 长度、类型为 dtype 的未初始化一维 ndarray
np.empty(ndarray)	类似 np.ones_like(ndarray)
np.eye(N) np.identity(N)	创建一个 $N \times N$ 的单位矩阵（对角线为 1，其余为 0）
np.arange(num)	生成一个从 0 到 num-1 步数为 1 的一维 ndarray
np.arange(begin, end)	生成一个从 begin 到 end-1 步数为 1 的一维 ndarray
np.arange(begin, end, step)	生成一个从 begin 到 end-step 的步数为 step 的一维 ndarray
np.meshgrid(ndarray, ndarray,...)	生成一个 ndarray×ndarray×⋯的多维 ndarray
np.where(cond, ndarray1, ndarray2)	根据条件 cond，选取 ndarray1 或者 ndarray2，返回一个新的 ndarray
np.in1d(ndarray1, ndarray2)	检查 ndarray1 中的每一个元素是否在 ndarray2 中出现，返回一个长度和 ndarray1 一致的布尔数组。在返回数组中，若元素在 ndarray2 中出现则为 True，反之为 False

续表

矩阵函数	说明
np.diag(ndarray)	以一维数组的形式返回方阵的对角线（或非对角线）元素
np.diag([x,y,...])	将一维数组转化为矩阵（非对角线元素为 0）
np.dot(ndarray, ndarray)	矩阵乘法
np.trace(ndarray)	计算对角线元素的和

排序函数	说明
np.sort(ndarray)	排序，返回副本
np.unique(ndarray)	返回 ndarray 中的元素，排除重复元素，并进行排序
np.intersect1d(ndarray1, ndarray2)	返回二者的交集并排序
np.union1d(ndarray1, ndarray2)	返回二者的并集并排序
np.setdiff1d(ndarray1, ndarray2)	返回二者的差
np.setxor1d(ndarray1, ndarray2)	返回二者的对称差

一元计算函数	说明
np.abs(ndarray)	计算绝对值
np.fabs(ndarray)	计算绝对值（非复数）
np.mean(ndarray)	求平均值
np.sqrt(ndarray)	计算 $x^{0.5}$
np.square(ndarray)	计算 x^2
np.exp(ndarray)	计算 e^x
np.log、np.log10、np.log2、np.log1p	计算自然对数、底为 10 的对数、底为 2 的对数、底为（1+x）的对数
np.sign(ndarray)	计算正负号，1（正）、0（0）、−1（负）
np.ceil(ndarray)	计算大于等于该值的最小整数
np.floor(ndarray)	计算小于等于该值的最大整数
np.rint(ndarray)	四舍五入到最近的整数，保留 dtype
np.modf(ndarray)	将数组的小数和整数部分以两个独立的数组方式返回
np.isnan(ndarray)	返回一个判断是否是 NaN 的 bool 型数组
np.isfinite(ndarray)	返回一个判断是否是有穷（非 inf，非 NaN）的 bool 型数组

一元计算函数	说明
np.isinf(ndarray)	返回一个判断是否是无穷的 bool 型数组
np.cos、np.cosh、np.sin、np.sinh、np.tan、np.tanh	普通型和双曲型三角函数
np.arccos、np.arccosh、np.arcsin、np.arcsinh、np.arctan、np.arctanh	反三角函数和双曲型反三角函数
np.logical_not(x)	计算各元素 not x 的真值
多元计算函数	说明
np.add(ndarray, ndarray)	加法
np.subtract(ndarray, ndarray)	减法
np.multiply(ndarray, ndarray)	乘法
np.divide(ndarray, ndarray)	除法
np.floor_divide(ndarray, ndarray)	圆整除法（丢弃余数）
np.power(ndarray, ndarray)	次方
np.mod(ndarray, ndarray)	求模
np.maximum(ndarray, ndarray)	求最大值
np.fmax(ndarray, ndarray)	求最大值（忽略 NaN）
np.minimun(ndarray, ndarray)	求最小值
np.fmin(ndarray, ndarray)	求最小值（忽略 NaN）
np.copysign(ndarray, ndarray)	将参数 2 中的符号赋予参数 1
np.greater(ndarray, ndarray)	>
np.greater_equal(ndarray, ndarray)	≥
np.less(ndarray, ndarray)	<
np.less_equal(ndarray, ndarray)	≤
np.equal(ndarray, ndarray)	==
np.not_equal(ndarray, ndarray)	!=
np.logical_and(ndarray, ndarray)	&
np.logical_or(ndarray, ndarray)		
np.logical_xor(ndarray, ndarray)	^
np.dot(ndarray, ndarray)	计算两个 ndarray 的矩阵内积

续表

多元计算函数	说明
np.ix_([x,y,m,n],...)	生成一个索引器,用于 fancy indexing(花式索引)

文件读写函数	说明
np.save(string, ndarray)	将 ndarray 保存到格式为 ".npy" 的文件中（无压缩）。如果文件名不以 ".npy" 结尾,则自动添加该后缀
np.savez(string, ndarray1, ndarray2, ...)	将所有的 ndarray 保存格式为 "npy" 的非压缩文件中。若文件名不以 ".npy" 结尾,则自动添加该后缀
np.savetxt(string, ndarray, fmt, newline='\n')	将 ndarray 写入文件 string,可以使用参数 fmt 指定每一个元素的写入格式
np.load(string)	读取文件名 string 的文件内容并转化为 ndarray 对象（或字典对象）
np.loadtxt(string, delimiter=None)	读取文件名 string 的文件内容,以 delimiter 为分隔符（默认为空）转化为 ndarray

numpy.ndarray 函数及说明,详见表 B-2。

表 B-2　numpy.ndarray 函数及说明

函数	说明
ndarray.ndim	获取 ndarray 的维数
ndarray.shape	获取 ndarray 各个维度的长度
ndarray.dtype	获取 ndarray 中元素的数据类型
ndarray.T	简单转置矩阵 ndarray
ndarray.astype(dtype)	转换数组 ndarray 中的各个元素到类型 dtype,若转换失败则会出现 "TypeError" 提示信息
ndarray.copy( )	复制一份 ndarray(新的内存空间)
ndarray.reshape((N,M,...))	将 ndarray 转化为 $N×M×\cdots$ 的多维 ndarray（非 copy）
ndarray.transpose((xIndex,yIndex,...))	根据维索引 xIndex,yIndex···进行矩阵转置,依赖于 shape,不能用于一维矩阵（非 copy）
ndarray.swapaxes(xIndex,yIndex)	交换维度（非 copy）
计算函数	说明
ndarray.mean(axis=None)	沿指定轴计算平均值。axis=0 表示沿列,axis=1 表示沿行

续表

计算函数	说明
ndarray.sum(axis=None)	求和。axis=0 表示沿列，axis=1 表示沿行
ndarray.cumsum(axis=None)	累加。axis=0 表示沿列，axis=1 表示沿行
ndarray.cumprod(axis=None)	累乘。axis=0 表示沿列，axis=1 表示沿行
ndarray.std( )	方差
ndarray.var( )	标准差
ndarray.max( )	最大值
ndarray.min( )	最小值
ndarray.argmax( )	最大值索引
ndarray.argmin( )	最小值索引
ndarray.any( )	是否至少有一个 true
ndarray.all( )	是否全部为 true
ndarray.dot(ndarray)	计算矩阵内积
排序函数	**说明**
ndarray.sort(axis=-1)	对数组 ndarray 对象中的各个元素进行排序。该方法会修改 ndarray 数组对象本身。axis 参数默认值为-1，表示沿最后一个轴进行排序

ndarray 函数及说明，详见表 B-3。

表 B-3　ndarray 函数及说明

函数	说明
ndarray[n]	选取索引为 n 的元素。索引从 0 开始计算
ndarray[n:m]	选取从索引 n 开始到索引 m 结尾，且不包含索引 m 的全部元素
ndarray[:]	选取全部元素
ndarray[n:]	选取从索引 n 开始到数组结尾的全部元素
ndarray[:n]	选取从数组起始到索引 n 结尾，且不包含索引 n 的全部元素
ndarray[bool_ndarray]	使用布尔数组 bool_ndarray 中值为 True 的元素索引来选取数组 ndarray 中的元素

续表

函数	说明
ndarray[[x,y,m,n]]...	选取顺序和序列为 x、y、m、n 的 ndarray
ndarray[n,m] ndarray[n][m]	选取第 n 行第 m 列元素，n 和 m 均从 0 开始计算
ndarray[n,m,...] ndarray[n][m]...	同上，该形式扩展到多维数组

numpy.random 函数及说明，详见表 B-4

表 B-4　numpy.random 函数及说明

函数	说明
random.seed(self,seed=None)	确定随机数生成种子
random.permutation(int)	返回一个一维从 0~9 的序列的随机排列
random.permutation(ndarray)	返回一个序列的随机排列
random.shuffle(ndarray)	对一个序列对象本身随机排列
random.rand(int)	产生 int 个均匀分布的样本值
random.randint(begin,endNone,num=None)	从给定的 begin 和 end 随机选取 num 个整数
random.randn(N, M, ...)	生成一个 N×M×… 的正态分布（平均值为 0，标准差为 1）的 ndarray
random.normal(size=(N,M,...))	生成一个 N×M×… 的正态（高斯）分布的 ndarray
random.beta(ndarray1,ndarray2)	产生 beta 分布的样本值，参数必须大于 0
random.chisquare(df)	产生卡方分布的样本值
random.gamma(shape)	产生伽马分布的样本值
random.uniform( )	产生在[0,1)中均匀分布的样本值

numpy.linalg 函数及说明，详见表 B-5。

表 B-5　numpy.linalg 函数及说明

函数	说明
linalg.det(ndarray)	计算矩阵列式
linalg.eig(ndarray)	计算矩阵的本征值和本征向量

函数	说明
linalg.inv(ndarray)	计算矩阵的逆
linalg.pinv(ndarray)	计算矩阵的 Moore-Penrose 伪逆
linalg.qr(ndarray)	计算正交三角分解
linalg.svd(ndarray)	计算奇异值分解
linalg.solve(ndarray)	解线性方程组 $Ax=b$，其中 A 为矩阵
linalg.lstsq(ndarray)	计算 $Ax=b$ 的最小二乘解

附录 C Matplotlib 库函数

表 C-1 给出 Matplotlib.pyplot 对象的函数及说明。为了简洁，函数一列只写函数名，而不再加"pyplot."前缀。

表 C-1　Matplotlib.pyplot 函数及说明

函数	说明
acorr( )	绘制 X 的自相关图
annotate( )	用箭头在指定的一个数据点创建一个注释或一段文本
arrow	为坐标轴添加一个箭头
autoscale	自动缩放轴视图的数据（切换）
axes	为当前图形添加一个坐标轴
axhline	添加一条穿越坐标轴的水平线
axhspan	添加一条穿越坐标轴的水平矩形
axis	获取或设置轴属性的便捷方法
axvline	添加一条穿越坐标轴的垂线
axvspan	添加一个与坐标轴交叉的垂直跨度（矩形）
bar	绘制一个垂直条形图
barbs	绘制一个倒钩的二维场（风场）
barh	绘制一个横向条形图
box	打开或关闭主轴箱
boxplot	绘制一个箱形图
broken_barh	绘制水平杆
cla	清除当前坐标轴
clabel	为等值线图设置标签
clf	清除当前图形
clim	设置当前图像的颜色取值范围
close	关闭图形窗口
cohere	绘制 X 和 Y 之间的相关性分析图

续表

函数	说明
colorbar	为图添加彩条标值
contour	绘制等值线
contourf	绘制填充等值线
csd	绘制等值线
delaxes	从目前的图删除坐标轴
draw	再次绘制当前图形
errorbar	绘制误差棒图
eventplot	在特定的位置绘制相同的平行线
figimage	为图形添加一个非重采样图像
figlegend	为图形放置一个标注
figtext	为图形添加文字
figure	创建一个新的图形
fill	绘制填充多边形
fill_between	在两曲线间填充色彩
fill_betweenx	在两水平线间填充色彩
findobj	发现 Artist 对象
gca	返回当前轴实例
gcf	返回当前图形的序号
gci	获取当前彩条的 Artist
get_figlabels	返回一个当前图形的标签列表
get_fignums	返回一系列图形的序号
grid	打开或关闭坐标网格
hexbin	绘制一个六边形箱图
hist	绘制一个直方图
hist2d	使一个二维直方图
hlines	绘制一条水平线
hold	设置 hold 状态默认为 True，允许在一幅图中绘制多个曲线；将 hold 属性修改为 False，每一个 plot 都会覆盖前面的 plot
imread	读取一个图像，从图形文件中提取数组
imsave	图像文件保存为数组
imshow	在 axes 上显示图像

续表

函数	说明
ioff	关闭互动模式
ion	开启互动模式
ishold	返回当前 axes 的 hold 状态
isinteractive	返回互动模式状态
legend	为当前 axes 放置标注
locator_params	控制轴刻度标签
loglog	使 x、y 轴为 log 刻度
margins	设置或检索自动缩放功能
matshow	在新图形窗口显示数组矩阵
minorticks_off	移除当前数轴上的次刻度
minorticks_on	显示当前数轴上的次刻度
over	调用一个函数，并且 hold 为（True）
pause	暂停的时间间隔（秒）
pcolor	创建一个二维阵列的伪彩色图
pcolormesh	绘制一个四边形网格
pie	绘制一个饼图
plot	绘制坐标图
plot_date	绘制数据日期
plotfile	将图绘入文件
polar	绘制极坐标图
psd	绘制功率谱密度图
quiver	绘制二维箭头图（风矢量图）
quiverkey	为风矢量图绘制单位标量
rc	设置当前的 rc 参数
rc_context	返回一个用于管理 rc 设置上下文管理器
rcdefaults	恢复默认的 rc 参数
rgrids	获取或设置径向网格在极坐标图
savefig	保存当前图
sca	将当前的轴（Axes）设置为 ax
scatter	绘制一个 X 和 Y 的散点图，其中 X 和 Y 是相同长度的序列的对象

续表

函数	说明
sci	设置当前的图像
semilogx	使 x 轴为 log 刻度
semilogy	使 y 轴为 log 刻度
set_cmap	设置默认的颜色映射
setp	对 Artist 对象设置属性
show	显示图
specgram	绘制频谱图
spy	绘制一个二维阵列的稀疏模式
stackplot	绘制一个堆叠面积图
stem	绘制一个火柴图
step	绘制一个步阶图
streamplot	绘制一个流场图
subplot	返回一个 subplot axes
subplot2grid	在网格中创建一个 subplot
subplot_tool	获取 subplot 工具窗口
subplots	一个图中包含多个子图
subplots_adjust	调整 subplot 布局
suptitle	为图添加一个中心标题
switch_backend	选择后台
table	在当前轴添加 table-
text	在轴上添加文本
thetagrids	设置极坐标网格线 Θ 位置
tick_params	改变刻度及刻度标签外观
ticklabel_format	通过使用默认线性轴更改 scalarformatter
tight_layout	自动调节 subplot 参数进行指定填充
title	设置当前轴标题
tricontour	在非结构三角形网格绘制等值线
tricontourf	在非结构三角形网格绘制填充等值线
tripcolor	创建一个非结构三角形网格伪彩色图
triplot	画一个非结构三角形网格图（类似 plot 函数）

续表

函数	说明
twinx	制作第二个一坐标轴，并共用 x 轴
twinv	制作第二个一坐标轴，并共用 y 轴
vlines	绘制垂直线
xcorr	分析图绘制 x 和 y 的相关性
xkcd	开启 XKCD 草图风格绘画模
xlabel	在当前轴设置 x 轴的标签
xlim	设置当前 x 轴的取值范围
xscale	设置 x 轴缩放
xticks	设置当前 x 轴刻度位置的标签和值
ylabel	设置当前 y 轴标签
ylim	设置当前 y 轴的取值范围
yscale	设置 y 轴缩放
yticks	设置当前 y 轴刻度位置的标签和值

附录 D OpenCV 框架

OpenCV 框架如图 D.1 所示。

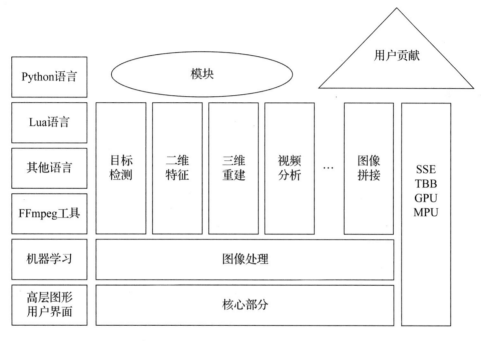

图 D.1 OpenCV 框架

附录 E　实验报告参考样本

实验报告参考样本，详见表 E-1。

表 E-1　实验报告

上机题目			实验室	
同组人数		实验时间		
成绩		指导教师		

一、实验目的

二、实验内容

参 考 文 献

黑马程序员，2021. Python 数据可视化[M]. 北京：人民邮电出版社.

吕云翔，梁泽众，尹文志，等，2021. 人工智能导论[M]. 北京：人民邮电出版社.

嵩天，礼欣，黄天羽，2017. Python 语言程序设计基础[M]. 2 版. 北京：高等教育出版社.

宋楚平，陈正东，2021. 人工智能基础与应用[M]. 北京：人民邮电出版社.

王莉，宋兴祖，陈志宝，2019. 大数据与人工智能研究[M]. 北京：中国纺织出版社.

王秀友，丁小娜，刘运，2021. Hadoop 大数据处理与分析教程：慕课版[M]. 北京：人民邮电出版社.

姚海鹏，王露瑶，刘韵洁，等，2020. 大数据与人工智能导论[M]. 2 版. 北京：人民邮电出版社.

张良均，谭立云，刘名军，等，2019. Python 数据分析与挖掘实战[M]. 2 版. 北京：机械工业出版社.

郑凯梅，2018. Python 程序设计任务驱动式教程[M]. 北京：清华大学出版社.

宗大华，宗涛，2021. Python 程序设计基础教程：慕课版[M]. 北京：人民邮电出版社.